中国工程院咨询研究报告

中国煤炭清洁高效可持续开发利用战略研究

谢克昌／主编

第 8 卷

煤洁净高效转化

谢克昌　田亚峻　贺永德 等／著

科学出版社
北 京

内 容 简 介

本书是《中国煤炭洁净高效可持续开发利用战略研究》丛书之一。

本书以煤化学转化的三条主要技术途径（热解、气化和液化）及其延伸的各种产品为研究对象，从产业结构、产业规模、产业分布以及生产产品的项目物耗、能耗、能效、新鲜水用量、污染物排放等方面阐述中国煤化工产业的现状，预测发展趋势。结合中国生态环境安全、能源供应安全、气候变化等约束对中国煤化工发展进行深入剖析，分析发展潜力，提出中国煤化学转化的洁净高效战略、能源安全战略、重点发展技术战略、战略布局、发展技术路线图以及政策措施建议。

本书可供政府、企业、高校、研究所等机构进行能源战略决策和研究参考，也可作为煤化工从业人员的参考用书。

图书在版编目（CIP）数据

煤洁净高效转化／谢克昌等著. —北京：科学出版社，2014.6
（中国煤炭清洁高效可持续开发利用战略研究／谢克昌主编；8）
“十二五”国家重点图书出版规划项目 中国工程院重大咨询项目
ISBN 978-7-03-040339-1

Ⅰ.煤… Ⅱ.谢… Ⅲ.煤液化-化工工程-研究-中国 Ⅳ.TQ524

中国版本图书馆 CIP 数据核字（2014）第 063537 号

责任编辑：李 敏 吕彩霞 张 震／责任校对：邹慧卿
责任印制：徐晓晨／封面设计：黄华斌

科学出版社出版
北京东黄城根北街 16 号
邮政编码：100717
http://www.sciencep.com

北京京华虎彩印刷有限公司 印刷
科学出版社发行 各地新华书店经销
*
2014 年 6 月第 一 版 开本：787×1092 1/16
2017 年 1 月第三次印刷 印张：8 1/4
字数：200 000

定价：120.00 元

（如有印装质量问题，我社负责调换）

中国工程院重大咨询项目

中国煤炭清洁高效可持续开发利用战略研究
项目顾问及负责人

项目顾问　徐匡迪　周　济　潘云鹤　杜祥琬

项目负责人　谢克昌

课题负责人

第1课题	煤炭资源与水资源	彭苏萍
第2课题	煤炭安全、高效、绿色开采技术与战略研究	谢和平
第3课题	煤炭提质技术与输配方案的战略研究	刘炯天
第4课题	煤利用中的污染控制和净化技术	郝吉明
第5课题	先进清洁煤燃烧与气化技术	岑可法
第6课题	先进燃煤发电技术	黄其励
第7课题	先进输电技术与煤炭清洁高效利用	李立浧
第8课题	煤洁净高效转化	谢克昌
第9课题	煤基多联产技术	倪维斗
第10课题	煤利用过程中的节能技术	金　涌
第11课题	中美煤炭清洁高效利用技术对比	谢克昌
综　合　组	中国煤炭清洁高效可持续开发利用	谢克昌

本卷研究与执笔人员

课题咨询专家组

组　　长	谢克昌
副 组 长	刘　科　袁晴棠　张庆庚　贺永德
成　　员	田亚峻　尚建选　张相平　马晓迅　刘佩成 黄　伟　李　忠　翁　力　应美玕　崔晓曦 任沛建　孙启文　郑长波　张宗森　邢凌燕 宋旗跃　张秋民　胡浩权　魏贤勇　张永发 杨占彪　武娟妮　武麦桂　芦海云　张媛媛 李好管　傅晋寿　牛凤芹　张小军　安宏伟
主要执笔人	谢克昌　田亚峻　贺永德　刘　科　张庆庚 袁晴棠　尚建选　张相平　马晓迅　崔晓曦 孙启文　郑长波　魏贤勇
总 审 人	谢克昌　袁晴棠　贺永德　张庆庚

序　一

近年来，能源开发利用必须与经济、社会、环境全面协调和可持续发展已成为世界各国的普遍共识，我国以煤炭为主的能源结构面临严峻挑战。煤炭清洁、高效、可持续开发利用不仅关系我国能源的安全和稳定供应，而且是构建我国社会主义生态文明和美丽中国的基础与保障。2012年，我国煤炭产量占世界煤炭总产量的50%左右，消费量占我国一次能源消费量的70%左右，煤炭在满足经济社会发展对能源的需求的同时，也给我国环境治理和温室气体减排带来巨大的压力。推动煤炭清洁、高效、可持续开发利用，促进能源生产和消费革命，成为新时期煤炭发展必须面对和要解决的问题。

中国工程院作为我国工程技术界最高的荣誉性、咨询性学术机构，立足我国经济社会发展需求和能源发展战略，及时地组织开展了"中国煤炭清洁高效可持续开发利用战略研究"重大咨询项目和"中美煤炭清洁高效利用技术对比"专题研究，体现了中国工程院和院士们对国家发展的责任感和使命感，经过近两年的调查研究，形成了我国煤炭发展的战略思路和措施建议，这对指导我国煤炭清洁、高效、可持续开发利用和加快煤炭国际合作具有重要意义。项目研究成果凝聚了众多院士和专家的集体智慧，部分研究成果和观点已经在政府相关规划、政策和重大决策中得到体现。

对院士和专家们严谨的学术作风和付出的辛勤劳动表示衷心的敬意与感谢。

徐匡迪

2013年11月6日

序　二

能源是经济增长、社会发展的基本驱动力，是人类赖以生存的重要物质基础。我国能源资源禀赋特点决定了煤炭在我国经济社会发展中的基础性地位。2012年，我国煤炭产量为36.5亿t，占世界煤炭总产量的47.5%；煤炭在我国一次能源消费结构中所占的比重较世界平均水平高近40个百分点；煤炭净进口量为2.8亿t，我国成为世界最大的煤炭进口国；煤炭储采比仅为35年，还不到世界平均水平的1/3。煤炭可持续发展需要煤炭生产和消费的革命。

党中央、国务院高度重视煤炭的清洁、高效、可持续开发利用问题。在新的历史时期，中国工程院按照党中央、国务院的要求，从我国经济社会发展和能源安全稳定供应的战略需求出发，启动了“中国煤炭清洁高效可持续开发利用战略研究”重大咨询项目和“中美煤炭清洁高效利用技术对比”专题研究，针对我国经济社会发展普遍关心的煤炭方面的若干重大问题开展了系统研究。

“中国煤炭清洁高效可持续开发利用战略研究”重大咨询项目由中国工程院副院长谢克昌院士牵头，来自中国工程院、中国科学院、大学院校、科研机构和重点企业等单位的30位院士、400多位专家，分10个课题进行全面深入研究，形成了一些重大研究成果；为借鉴美国的经验，还开展了“中美煤炭清洁高效利用技术对比”专题研究。

项目组在此基础上编著了这套丛书，共分12卷，包括煤炭资源、开采、提质、输配、燃烧、发电、转化、多联产、节能减排、中美合作等内容。在全面分析煤炭产业取得的成绩、存在的问题、面临的机遇与挑战的基础上，提出我国煤炭产业应以清洁、高效、可持续为核心目标，以研发和应用先进煤炭开发利用技术为战略支点，以全生命周期系统优化理念为出发点和落脚点，加快推进煤炭开发利用方式变革。

该丛书通过对煤炭开发利用主要环节的全面调研和深入分析，厘清了面临的严峻形势，凝练了研究的核心认识，形成了发展的战略思路，提出了可行的必要措施，体现了战略研究的前瞻性、科学性、时效性和可行性，对开创中国煤炭清洁、高效、可持续开发利用新局面具有重要意义。

在新的历史阶段，煤炭产业正面临着前所未有的挑战。只要坚持创新驱动，加快转变煤炭开发利用方式，我们就一定能在挑战中抓住机遇，实现煤炭开发利用与社会、经济、资源、环境协调发展。

周　济

2013年11月

序　三

煤炭是我国的主体能源，我国正处于工业化、城镇化快速推进阶段，今后较长一段时期，能源需求仍将较快增长，煤炭消费总量也将持续增加。我国面临着以高碳能源为主的能源结构与发展绿色、低碳经济的迫切需求之间的矛盾，煤炭大规模开发利用带来了安全、生态、温室气体排放等一系列严峻问题，迫切需要开辟出一条清洁、高效、可持续开发利用煤炭的新道路。

2010 年 8 月，谢克昌院士根据其长期对洁净煤技术的认识和实践，在《新一代煤化工和洁净煤技术利用现状分析与对策建议》(《中国工程科学》2003 年第 6 期)、《洁净煤战略与循环经济》(《中国洁净煤战略研讨会大会报告》，2004 年第 6 期) 等先期研究的基础上，根据上述问题和挑战，提出了《中国煤炭清洁高效可持续开发利用战略研究》实施方案，得到了具有共识的中国工程院主要领导和众多院士、专家的大力支持。

2011 年 2 月，中国工程院启动了“中国煤炭清洁高效可持续开发利用战略研究”重大咨询项目，国内煤炭及相关领域的 30 位院士、400 多位专家和 95 家单位共同参与，经过近两年的研究，形成了一系列重大研究成果。徐匡迪、周济、潘云鹤、杜祥琬等同志作为项目顾问，提出了大量的指导性意见；各位院士、专家深入现场调研上百次，取得了宝贵的第一手资料；神华集团、陕西煤业化工集团等企业在人力、物力上给予了大力支持，为项目顺利完成奠定了坚实的基础。

“中国煤炭清洁高效可持续开发利用战略研究”重大咨询项目涵盖了煤炭开发利用的全产业链，分为综合组、10 个课题组和 1 个专题组，以国内外已工业化和近工业化的技术为案例，以先进的分析、比较、评价方法为手段，通过对有关煤的清洁高效利用的全局性、系统性、基础性问题的深入研究，提出了科学性、时效性和操作性强的煤炭清洁、高效、可持续开发利用战略方案。

《中国煤炭清洁高效可持续开发利用战略研究》丛书是在 10 项课题研究、1 项专题研究和项目综合研究成果基础上整理编著而成的，共有 12 卷，对煤炭的开发、输配、转化、利用全过程和中美煤炭清洁高效利用技术等进行了系统的调研和分析研究。

综合卷即“综合报告”——《中国煤炭清洁高效可持续开发利用战略研究》，由中国工程院谢克昌院士牵头，分析了我国煤炭清洁、高效、可持续开发利用面临的形势，针对煤炭开发利用过程中的一系列重大问题进行了分析研究，给出了清洁、高效、可持续的量化指标，提出了符合我国国情的煤炭清洁、高效、可持续开发利用战略和政策措施建议。

第1卷《煤炭资源与水资源》，由中国矿业大学（北京）彭苏萍院士牵头，系统地研究了我国煤炭资源分布特点、开发现状、发展趋势，以及煤炭资源与水资源的关系，提出了煤炭资源可持续开发的战略思路、开发布局和政策建议。

第2卷《煤炭安全、高效、绿色开采技术与战略研究》，由四川大学谢和平院士牵头，分析了我国煤炭开采现状与存在的主要问题，创造性地提出了以安全、高效、绿色开采为目标的“科学产能”评价体系，提出了科学规划我国五大产煤区的发展战略与政策导向。

第3卷《煤炭提质技术与输配方案的战略研究》，由中国矿业大学刘炯天院士牵头，分析了煤炭提质技术与产业相关问题和煤炭输配现状，创造性地提出了“洁配度”评价体系，提出了煤炭整体提质和输配优化的战略思路与实施方案。

第4卷《煤利用中的污染控制和净化技术》，由清华大学郝吉明院士牵头，系统研究了我国重点领域煤炭利用污染物排放控制和碳减排技术，提出了推进重点区域煤炭消费总量控制和煤炭清洁化利用的战略思路和政策建议。

第5卷《先进清洁煤燃烧与气化技术》，由浙江大学岑可法院士牵头，系统分析了各种燃烧与气化技术，提出了先进、低碳、清洁、高效的煤燃烧与气化发展路线图和战略思路，重点提出发展煤分级转化综合利用技术的建议。

第6卷《先进燃煤发电技术》，由东北电网有限公司黄其励院士牵头，分析评估了我国燃煤发电技术及其存在的问题，提出了燃煤发电技术近期、中期和远期发展战略思路、技术路线图和电煤稳定供应策略。

第7卷《先进输电技术与煤炭清洁高效利用》，由中国南方电网公司李立浧院士牵头，分析了煤炭、电力流向和国内外各种电力传输技术，通过对输电和输煤进行比较研究，提出了电煤输运构想和电网发展模式。

第8卷《煤洁净高效转化》，由中国工程院谢克昌院士牵头，调研分析了主要煤基产品所对应的煤转化技术和产业状况，提出了我国煤转化产业布局、产品结构、产品规模、发展路线图和政策措施建议。

第9卷《煤基多联产技术》，由清华大学倪维斗院士牵头，分析了我国煤基多联产技术发展的现状和问题，提出了我国多联产系统发展的规模、布局、发展战略和路线图，对多联产技术发展的政策和保障体系建设提出了建议。

第 10 卷《煤炭利用过程中的节能技术》，由清华大学金涌院士牵头，调研分析了我国重点耗煤行业的技术状况和节能问题，提出了技术、结构和管理三方面的节能潜力与各行业的主要节能技术发展方向。

第 11 卷《中美煤炭清洁高效利用技术对比》，由中国工程院谢克昌院士牵头，对中美两国在煤炭清洁高效利用技术和发展路线方面的同异、优劣进行了深入的对比分析，为中国煤炭清洁、高效、可持续开发利用战略研究提供了支撑。

《中国煤炭清洁高效可持续开发利用战略研究》丛书是中国工程院和煤炭及相关行业专家集体智慧的结晶，体现了我国煤炭及相关行业对我国煤炭发展的最新认识和总体思路，对我国煤炭清洁、高效、可持续开发利用的战略方向选择和产业布局具有一定的借鉴作用，对广大的科技工作者、行业管理人员、企业管理人员都具有很好的参考价值。

受煤炭发展复杂性和编写人员水平的限制，书中难免存在疏漏、偏颇之处，请有关专家和读者批评、指正。

谢克昌

2013 年 11 月

前　言

中国能源赋存结构“富煤、缺油、少气”，油气对外依存严重。“十一五”至“十二五”期间中国以煤为原料生产烯烃（乙烯、丙烯）、液体燃料（汽油、柴油）、芳烃、乙二醇等传统衍生于石油的现代煤化工技术取得了一系列突破，为“煤替油”的国家石油供应安全战略提供了可靠技术途径，激发了全国发展现代煤化工的热情。然而，现代煤化工工艺路线复杂，工程经验相对匮乏，工艺优化尚未完成。尤其是其工业化规模实施具有投资高、新鲜用水量大、污染物排放量高以及碳排放量高等问题。面对各地不断涌现的煤化工热潮，国家急需对全国煤化工的整体发展水平、发展趋势、存在问题进行全面深入的调研与诊断。为此，中国工程院在2010年元月启动的“中国煤炭清洁高效可持续开发利用战略研究”重大咨询项目中专门设置了“煤洁净高效转化”子课题，对中国煤炭化学转化工业进行了系统深入的研究。为了能够服务全社会，让更多决策机构以及本领域的从业人员共享该研究成果，中国工程院决定以书的形式出版，面向社会发行。《煤洁净高效转化》为《中国煤炭清洁高效可持续开发利用战略研究》丛书之一。

本书涵盖了煤炭化学转化的三条主要途径（热解、气化和液化）及其所延伸的各种化学过程，在煤基气体燃料、煤基液体燃料、煤基化学品和煤基其他产品共19个专题产品报告基础上综合提炼而成。全书分7章阐述：第1章介绍本书研究的背景、思路与采用的方法；第2章从过去、现在和未来阐述煤炭化学转化重要的现实和战略地位；第3章分产业的规模、产业地域分布、工业生产参数、物质流和能量流四个方面定位中国煤炭化学转化的产业现状，并分别叙述传统煤化工和现代煤化工的技术现状；第4章分别描述全国14个煤炭生产基地未来煤炭化学转化产业的发展趋势，预测煤基气体燃料产业、煤基液体燃料产业和煤基化学品产业的发展潜力；第5章分别从优势、劣势、机遇与威胁四个方面分析中国煤炭化学产业，并用SWOT方法提出中国煤炭化学转化策略；第6章明确中国煤炭化学转化的能源安全战略目标、清洁高效战略目标、重点技术战略目标、产业战略布局以及现代煤化工的发展技术路线图；第7章在分析过去产业政策的基础上，结合第5章的分析提出中国煤炭化学转化的政策建议和措施建议。

本书可供政府、企业、高校、研究所等机构进行能源战略决策或研究使用，也可作为煤化工从业人员的专业参考书，对于想了解煤化工的非专业读者，本书也是理想的学习读物。

本书的编写主要由北京低碳清洁能源研究所的田亚峻研究员及其团队武娟妮、芦海云、崔鑫和刘爱国的协助下完成，从起稿到定稿先后经过20余次修订，谢克昌院士对本书进行把关，袁晴棠院士、贺永德教授、张庆庚教授以及刘科研究员对本书的内容皆做了仔细的审阅，提出了诸多有价值的建议，在此向他们的敬业和贡献表示衷心的谢意。

作　者

2013年12月

目　　录

第1章 中国煤炭煤洁净高效转化咨询项目概述

1.1 研究背景

煤的化学组成与结构决定了其具有二重性，不仅是能源也是化学品资源。在中国，约80%的煤炭用于提供动力，20%的煤炭用于各种化工冶金过程。进入21世纪，中国经济步入了快速稳定增长的轨道，人民对物质的需求大幅增加，煤化工规模不断扩大。然而，中国煤化工技术水平总体落后，传统煤化工产业体量庞大，造成能量消耗大、新鲜水用量大、污染物与碳排放量高，对生态环境和气候的影响日益明显。

中国缺少油气，石油对外依存严重。“十一五”期间中国以煤为原料生产烯烃、汽油、柴油等传统衍生于石油的现代煤化工技术取得了一系列突破，成为以煤炭替代石油保障国家石油安全的可靠途径，提高了煤化工在国家战略中的地位，激发了全国发展现代煤化工的热情。然而，现代煤化工工艺路线比较复杂，工程经验的累积相对匮乏，工艺仍有较大的优化空间，尤其是其工业化规模的实施存在投资、碳排放、污染物排放、新鲜水用量等较大风险问题（谢克昌和赵炜，2012）。面对各地不断涌现的煤化工热潮，急需对全国煤化工的整体发展水平、发展趋势、存在问题进行全面深入的调研与诊断，提出切实可行的措施与政策建议，为国家决策提供参考。

“煤洁净高效转化”是“中国煤炭清洁高效可持续开发利用战略研究”项目的第8课题。“中国煤炭清洁高效可持续开发利用战略研究”是2011年1月中国工程院启动的首个重大战略咨询项目。该项目由中国工程院副院长谢克昌院士负责，徐匡迪院士、周济院士、潘云鹤院士和杜祥琬院士为顾问，组织了来自中国工程院、中国科学院、大学、科研机构、设计院、企业、社会团体等单位30余位院士和400多位专家共同参与。该项目涵盖了煤炭从原料开发到成为产品的生命过程，覆盖了从煤炭开采，提质，输配，利用（燃烧、发电、化学转化）到能量输送等相关产业链，对指导中国煤炭科学合理利用具有重要参考价值。“中国煤炭清洁高效可持续开发利用战略研究”立足于中国煤炭开发利用的产业现状和技术现状，贯彻“科学性、时效性、可行性、前沿性”的思想理念，通过对现状的广泛调研和科学分析，把握问题的关键核心，提出切实可行的前瞻性建议。

1.2 研究范畴

“煤洁净高效转化”主要针对除燃烧之外的煤炭的化学转化。从煤炭利用产业链的角度界定，煤洁净高效转化包括煤热解、煤气化、煤液化三大龙头转化途径及其下游工艺，输入为商品煤，输出为煤基产品（图1-1）。热解途径包括煤高温热解（即焦化）、中低温热解，以及以此

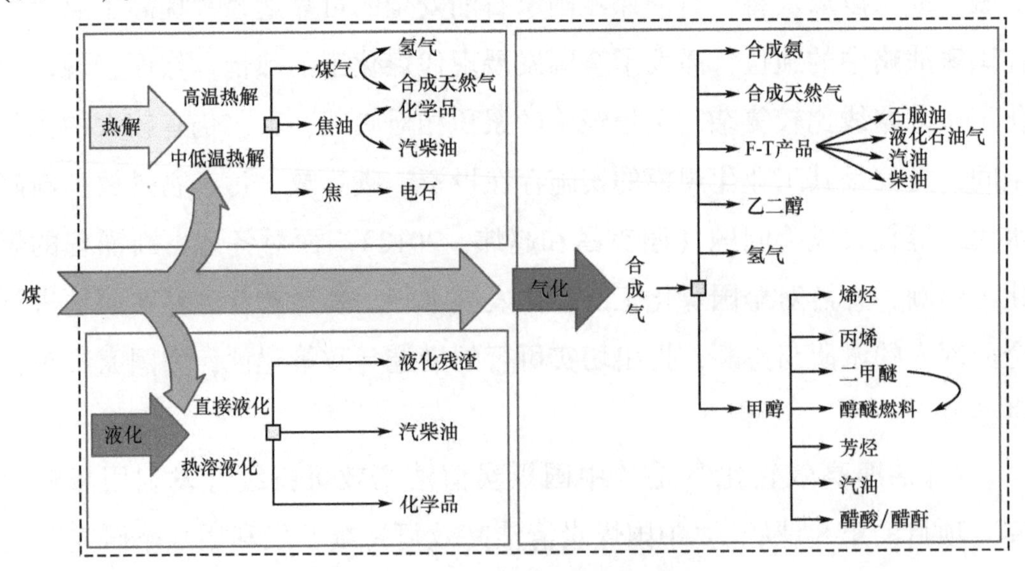

图1-1 “煤洁净高效转化”研究范畴

为先导的焦炭/半焦生产、煤焦油深加工、电石生产等过程，产品为焦炭/半焦、高温焦油/中低温焦油及其深加工产品、电石等。液化途径主要指直接液化过程，其主产品是柴油。煤气化途径以气化为起点，合成气为中间产物，可合成多种燃料和化学品，具体地讲，合成气可以转化得到甲醇，F-T产品（石脑油、汽柴油、液化石油气等），合成氨，合成天然气，氢气，乙二醇等，而以甲醇为中间原料还可进一步转化得到二甲醚、烯烃、汽油、芳烃等。

1.3 研究方法

1.3.1 研究内容

本书采用以煤基产品为研究线索的思路，将煤化工整个产业分为四大类19种主要产品。分别是煤基气体燃料、煤基液体燃料、煤基化学品，以及煤基其他产品。煤基气体燃料仅包含煤基天然气；煤基液体燃料包括直接液化油品、间接液化油品（F-T合成油品）、中低温热解焦油基油品、煤经甲醇制汽油和醇醚燃料；煤基化学品包括甲醇、二甲醚、烯烃（乙烯、丙烯）、乙二醇、芳烃、醋酸和醋酐；煤基其他产品包括焦炭、半焦、电石、合成氨和氢气。图1-2表达了煤基产品分类、主要煤基产品与煤化学转化技术路径的相互关系。

按照各自专长，将以上产品的调研工作分配至项目参加单位：中国工程院、北京低碳清洁能源研究所、陕西煤业化工集团、赛鼎工程有限公司、西北大学、太原理工大学、中国石油化工集团公司、中国海洋石油公司、中国矿业大学（徐州）、大连理工大学、太原煤气化公司、煤液化国家重点实验室等，最后由北京低碳清洁能源研究所汇总凝练。

1.3.2 研究思路

对于某产品的调研，本书规定从产业现状、发展趋势、存在问题和战

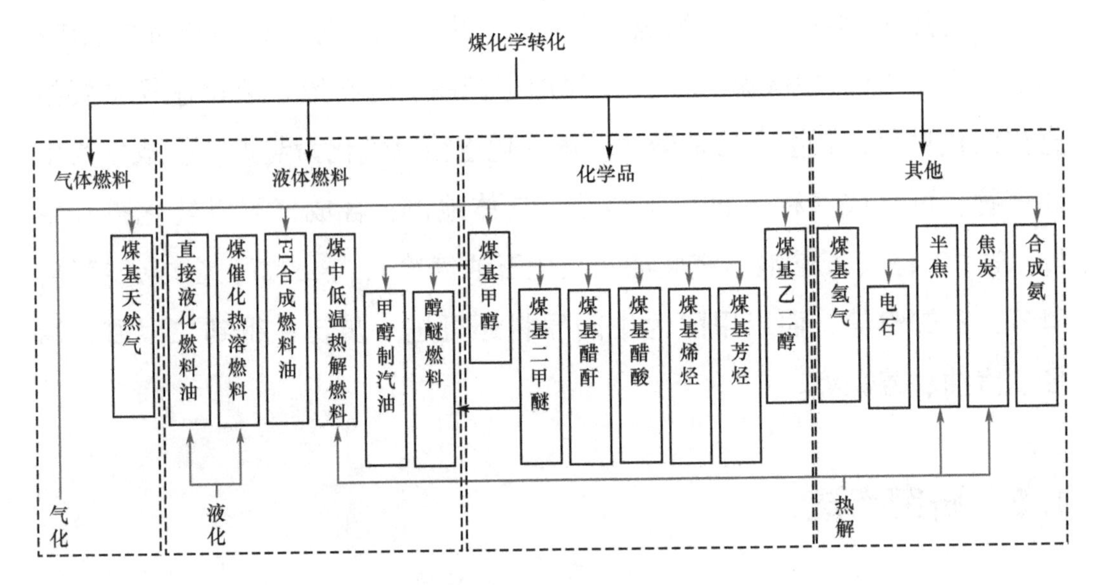

图 1-2　主要煤基产品分类与转化技术路径

略举措四方面展开。通过调研数据真实反映该产品所对应产业的基本现状，结合各种刺激因素分析该产业未来的发展趋势，根据产业发展的约束条件分析其发展所面临的问题、未来可能出现的问题，最后针对性地提出促进产业健康发展的战略举措。

产业的现状部分规定从产品的地位与作用，国内国际产业状况，产业地域分布，产业全国总产量（能），技术分析（能效、碳排放、水消耗、污染物排放），经济分析等方面进行调研和叙述；产业发展趋势部分规定从企业利润驱动、工艺技术进步、产品多元化、产业链延伸、产品出口、地方经济振兴需求、国家经济发展需求、国家战略需求等方面并结合各地的发展规划进行分析；产业发展存在的问题部分规定从产业发展所面临的约束因素进行讨论，如水资源/煤炭资源、技术经济、环境容量、碳排放强度、资源匹配度、技术瓶颈、公众接受度，以及国际环境等；最后结合国家的产业政策，以国家可持续发展为战略目标，提出相应的战略措施。以此为框架完成煤化工主要产品的产业专题研究。

以各产品的调研数据和研究结果为基础，综合得到煤化工产业的整体现状、整体发展趋势，并结合国内各种制约因素对当前以及未来煤化工发展是否符合中国的可持续发展进行深入分析和战略判断，最终提出中国煤化工的合理布局、发展技术路线图，以及具体的战略措施与建议。总之，本书以煤炭化学转化的三条主要途径（热解、气化和液化）及其所延伸的各种化学过程为研究对象，以煤基气体燃料、煤基液体燃料、煤基化学品和煤基其他产品（共 19 个产品）为研究内容综合提炼而成。本书以产业调研数据为基本支撑，从产业结构、产业规模、产业分布，以及生产产品的项目物耗、能耗、能效、用水、污染物排放、技术经济等维度，对煤化工产业进行了全面调研。通过综合分析，本书全面阐述了中国煤化工产业的现状、特点、技术水平、发展势头，并在此基础上用 SWOT 方法对中国煤化工进行了进一步深入剖析，最后结合国家能源安全、清洁转化等战略需求明确了中国煤化工的能源安全战略目标、清洁高效战略目标、重点技术发展战略目标，提出了中国煤化工的整体布局，预测了未来（2015 年、2020 年、2030 年）煤化工的产品结构与规模，最终给出了中国煤化工的发展技术路线图、措施建议和政策建议。

第 2 章　中国煤炭化学转化的地位

2.1　中国煤炭化学转化的现实地位

煤化工是以煤为原料，经过系列化学转化生产燃料及化学品的过程。在中国，煤炭是焦炭/半焦、合成氨、电石、甲醇等大宗产品的主要原料，对国家建设的影响举足轻重（谢克昌，2005）。焦炭是中国煤化工主要产品之一，是钢铁等冶金工业的主要原料，国家建设对钢铁的需求带动了焦炭产量的快速增长。2012 年中国生产焦炭耗煤 5.84 亿 t，约占全国煤炭总产量（36.5 亿 t）的 16%。合成氨是最重要的化肥原料，对国家的农业发展至关重要，2012 年中国以煤为原料的合成氨产量占总产量的 76.1%，预计到 2015 年该比例将上升至 80% 以上（受 2013 年天然气涨价影响，煤基合成氨比例将增加）。电石是有机合成化学工业的基本原料之一，是大宗工程材料 PVC 的主要原料。中国是电石生产大国，2012 年生产电石约 1869 万 t，几乎全部用于生产 PVC。甲醇是一种重要的基础有机化工原料和能源替代品，广泛应用于有机中间体、医药、农药、涂料、染料、塑料、合成纤维、合成橡胶等领域。2012 年中国生产甲醇 3121 万 t，以煤、天然气和焦炉气为原料生产甲醇的比例分别为 70.6%、15.9% 和 13.5%，煤和焦炉气的比例较 2010 年明显增加。《甲醇行业“十二五”发展规划》明确表示，“十二五”期间，以天然气为原料的甲醇产能将降至 15%，而以焦炉煤气为原料的甲醇产能将提升至 15%，煤基甲醇的比例将进一步提高。

煤结构多以芳香族结构为主，是制取芳香族化合物的重要原料，目前相当多的多环芳香族化学品都来自煤炭热解，一些高价值化学品如咔唑、喹啉、噻吩等只能来自于煤焦油，具有不可替代性。

煤化工主要产品有数十余种，衍生产品多达百余种，在化学工业中占有重要地位。随着现代煤化工的快速发展，由煤炭生产各种传统石油衍生化工产品（汽油、柴油、烯烃、乙二醇等）已经成为现实。中国煤炭资源优势相对突出，随着国家对化学品、燃料需求的迅速增长，未来以煤为原料生产大宗化学品、燃料的比例将不断提高，煤化工在国民经济和化学工业中的地位将进一步加强（谢克昌和赵炜，2012）。

2.2　中国煤炭化学转化的战略地位

2.2.1　“煤替油”的战略地位

中国强劲的经济增长刺激了对石油需求的迅猛增长，2012 年中国石油表观消费量为 5.03 亿 t，对外依存度达到 58.8%，有关研究预测中国 2015 年石油表观消费量将达到 5.7 亿 t，如果国内石油产量继续维持在 2 亿 t 左右，2015 年对外依存度将达到 65%，2020 年和 2030 年的对外依存度将分别达到 70% 和 75% 左右。当今世界主要石油输出国局势不稳，中国地缘政治形势严峻，石油进口渠道的长期稳定性得不到根本保障。在国内资源短缺和国际石油争夺剧烈的双重风险下，发展石油替代技术，实施煤炭替代石油（“煤替油”）战略对国家安全意义重大。

“煤替油”主要表现在两个方面：一是替代运输燃油，如汽油和柴油等；二是替代石油基化学产品，尤指那些对国计民生影响较大的烯烃、乙二醇、芳烃等。从技术路线上讲，煤炭可通过直接液化、间接液化、煤—甲醇—汽油、煤—焦油—汽油等技术路线替代石油，甚至煤基甲醇、二甲醚与汽油、柴油掺混使用也能起到替代效果；近年煤制乙烯、丙烯的工业示范和煤制乙二醇、芳烃的工业中试在中国取得成功，为以煤为原料生产传统上以石油为原料的化工产品铺平了工业化、产业化的道路，进一步拓宽了“煤替油”的途径。

2.2.2 煤制气的战略地位

发达国家的能源消费结构表明，提高天然气比例可显著削弱能源消耗所引起的碳排放以及污染物排放等对环境的影响。此外，使用天然气可在很大程度上提高居民的生活质量。随着中国工业化、城镇化的不断加速，天然气的供需缺口越来越大。中国“西气东输”一线、二线、陕京线等相继投入使用，气源也延伸到了中亚国家，但仍无法满足日益增长的巨大需求，预计到2015年和2020年中国天然气市场的缺口将分别达到900亿Nm^3（标准立方米）和1500亿Nm^3，供不应求的局面将长期存在。从天然气的安全供应方面考虑，煤制天然气是可靠的战略保障。

总之，推进“煤替油”技术、煤制天然气技术，是应对我国在突发情况下燃料、石油制品、天然气对外依存严重所带来能源短缺的可靠措施，是保障国家能源安全的重要战略。

2.2.3 煤炭洁净高效转化的战略地位

煤化工是把组成复杂且“不清洁”的高碳原料经过多个物理、化学工艺转化为产品的过程。尽管我国煤化工近年来在某些领域的技术已处于世界领先水平，但从行业整体水平来讲，与国际先进水平仍有一定距离。加之煤化工过程的碳排放、污染物排放较高，生产过程所排放的CO_x、SO_x、NO_x、VOCs，以及含酚、氨氮、高COD的废水对环境危害较大。同时大型煤化工要消耗大量的新鲜水，威胁当地生态平衡和农业、畜牧业的发展。因此，随着中国煤化工地位不断提高，国家需求的增长，煤化工产业规模将不断扩大，从战略的高度关注煤炭的清洁高效转化，对于煤化工行业的可持续发展具有重要意义。

第3章 中国煤炭化学转化产业技术现状

3.1 中国煤炭转化产业现状

本节从中国煤化工的产业规模、产业地域分布以及工业化水平三个方面进行描述，并从物质流和能量流的角度对整个产业的原料煤消耗、燃料煤消耗、能量消耗、新鲜水消耗、CO_2 和 SO_2 排放进行了分析，从宏观和微观两个层面认识煤化工的产业现状。

3.1.1 煤化工产业规模

整体而言，以焦炭/半焦、合成氨、甲醇、电石构成的传统煤化工仍占主导地位，多数煤化工产品产能过剩，面临产业结构调整、淘汰落后产能等问题。以“煤替油”为特征的现代煤化工开始起步，正处于工程示范与工艺技术优化阶段，将成为煤化工新的发展方向。

表3-1汇总了2010～2012年中国主要煤化工产品的产能、产量及开工率的情况。2010～2012年全国煤化工产能产量明显上升，2012年全国生产焦炭4.4亿t，比2010年增长14%；2012年生产煤基合成氨4204万t，比2010年增长11%；2012年生产电石1869万t，比2010年增长28%；2012年生产煤基甲醇2625万t，比2010年增长117%，其他产品规模变化不大。2010年全国焦炭/半焦、合成氨、电石和甲醇所消耗的煤炭占当年煤化工耗煤总量的95%以上（图3-1），是最主要的煤化工产品，2012年该比例未发生明显变化，表明传统煤化工依然是产业主体。2011年全国生产合成氨5253万t（其中76.2%来自于煤炭），生产甲醇2295万t（其

中77%来自于煤炭)；当年焦炭产量约占全球的66%，合成氨约占32%，电石约占93%，甲醇约占28%，且均居全球之首，可见中国煤化工在世界上占有非常重要的地位。

其他产品的产能总规模较小，其中直接液化油品、间接液化油品、煤基烯烃、煤基乙二醇，以及煤基天然气等新的煤基产品生产正处于起步阶段，多个项目示范成功，但尚未形成大规模生产。

表3-1　中国煤化工的产业规模

产品	产能/万t	产量/万t	开工率/%
焦炭	59 222（2010） 60 000（2011） 61 000（2012）	38 864（2010） 43 271（2011） 44 323（2012）	65.6（2010） 72.1（2011） 72.2（2012）
半焦	3 500（2010） 7 000（2012）	2 000（2010） 4 000（2012）	57.1（2010） 57.1（2012）
煤基合成氨	4 547（2010） 4 709（2011） 4 966（2012）	3 782（2010） 4 003（2011） 4 204（2012）	83.2（2010） 85.0（2011） 84.7（2012）
电石	2 400（2010） 2 963（2011） 3 230（2012）	1 462（2010） 1 738（2011） 1 869（2012）	60.9（2010） 58.7（2011） 57.9（2012）
煤基甲醇	2 957（2010） 3 584（2011） 4 333（2012）	1 212（2010） 1 767（2011） 2 625（2012）	41.0（2010） 49.3（2011） 60.6（2012）
煤基烯烃（MTO）	60（2010） 80（2011）	—	—
煤基丙烯（MTP）	98（2011）	—	—
煤基二甲醚	726（2010）	290（2010）	39.9（2010）
煤基乙二醇	20（2010） 45（2012）	—	—
煤基醋酸	572（2010）	328（2010）	57.3（2010）
煤基醋酐	76（2010）	—	—
直接液化油	108（2010）	—	—
间接液化油	50（2010）	—	—

续表

产品	产能/万 t	产量/万 t	开工率/%
煤基甲醇汽油	10（2010） 20（2012）	—	—
煤基天然气	13 亿 Nm^3（2012）	—	—
煤基氢气	50（2010）	—	—
煤焦油加氢	400（2010） 700（2012）	200（2010） 350（2012）	50.0（2010） 50.0（2012）
醇醚燃料	—	300（2010）	—

注：括号内数字为数据对应年份；“煤焦油加氢”的产能是指中低温煤焦油加氢的原料量；醇醚燃料全部由甲醇构成；煤基甲醇包含煤制甲醇和焦炉气制甲醇，不包括煤制烯烃配套用甲醇；煤基乙二醇产能包括了对应年份的在建规模。

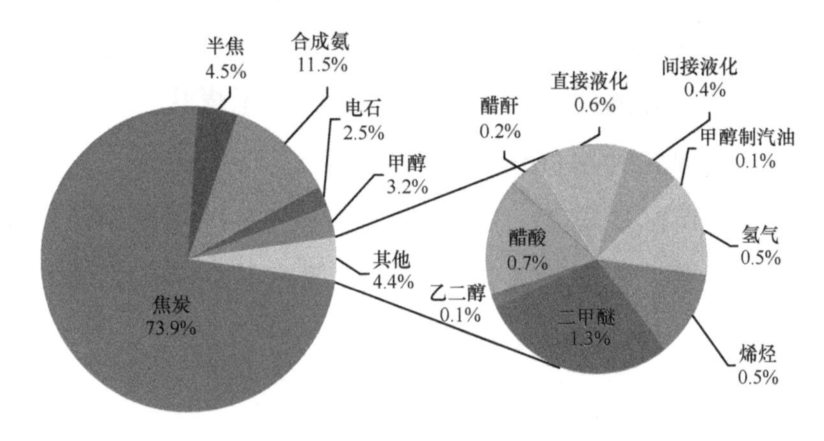

图 3-1　中国煤化工产品耗煤结构（2010 年）

2008 年经济危机以来，中国煤化工产业的整体开工率较低，2010 年除合成氨和焦炭外的其余产品的开工率都低于65%，甲醇和二甲醚情况尤为突出，只有 40% 左右，2012 年甲醇的开工率略有回升，也只有 61% 左右，可见产能严重过剩。此外，中国焦炭/半焦、电石、甲醇、合成氨等行业落后产能所占比例较大，存在技术落后、能耗高、污染大等问题。据统计，2010 年中国 2 万 kV · A 以下内燃式电石炉的落后产能达 1300 万 t，约占总产能的 50%；根据《节能减排“十二五”规划》（国发［2012］40 号）文件，“十二五”期间预计淘汰落后焦炭产能 4200 万 t。截至 2012 年年底，全国 391 家合成氨企业，平均产能仅为 17. 2 万 t；合成氨产能小于18万t的落后产能仍有282家，占企业总数的72.1%，其2012年产量1947.6万t，约占总产量的32.4%。截至2010年年底，全国106家甲醇企业中，产能小于30万t的有78家，占甲醇企业数的74%，占甲醇总产能的39%。

3.1.2 煤化工产业地域分布

根据调研所获得的信息，图3-2表示出大约450个规模以上煤化工项目（未包括焦化）在中国版图上的分布。煤化工项目主要集中在中西部的陕西、内蒙古、山西、河南、新疆、云南、贵州等省（自治区），中东部的河北、山东、安徽等省也占有一定比例。图3-2（a）表现了煤化工项目分布与煤炭资源分布的关系，煤化工项目的分布与煤炭资源的分布基本吻合，资源的分布在很大程度上决定了煤化工产业的分布。图3-2（b）表示了煤化工项目分布与煤炭生产基地的关系，大部分煤化工项目都被煤炭生产基地覆盖，因此以煤炭生产基地角度来认识煤化工产业的分布非常重要。下面就煤化工的各主要产品在中国的分布做进一步解析。

3.1.2.1 焦炭产业分布

焦炭的主要原料是炼焦煤，其主要用途为钢铁冶金。中国的焦炭生产主要分布在炼焦煤主产地和钢铁主产地。2010年和2012年的数据均显示中国焦炭生产主要分布在华北地区，占全国焦炭总产量的41%，华东地区、华中地区、西南地区、西北地区、东北地区的分布较为平均，华南地区最少。山西、河北、山东三省的焦炭产量最大，2010年和2012年三省焦炭产量总和均约占全国焦炭总产量的44%，山西不仅是焦炭大省，也是主焦煤大省，2010年仅山西省的焦炭产量约占全国焦炭总产量的22%，2012年约占19%。全国焦炭产业的六成分布在山西、河北、山东、河南、陕西、内蒙古等省（自治区）（表3-2），可见中国焦化产业整体分布极不均匀，对于钢铁生产和消费较多的江苏、上海、

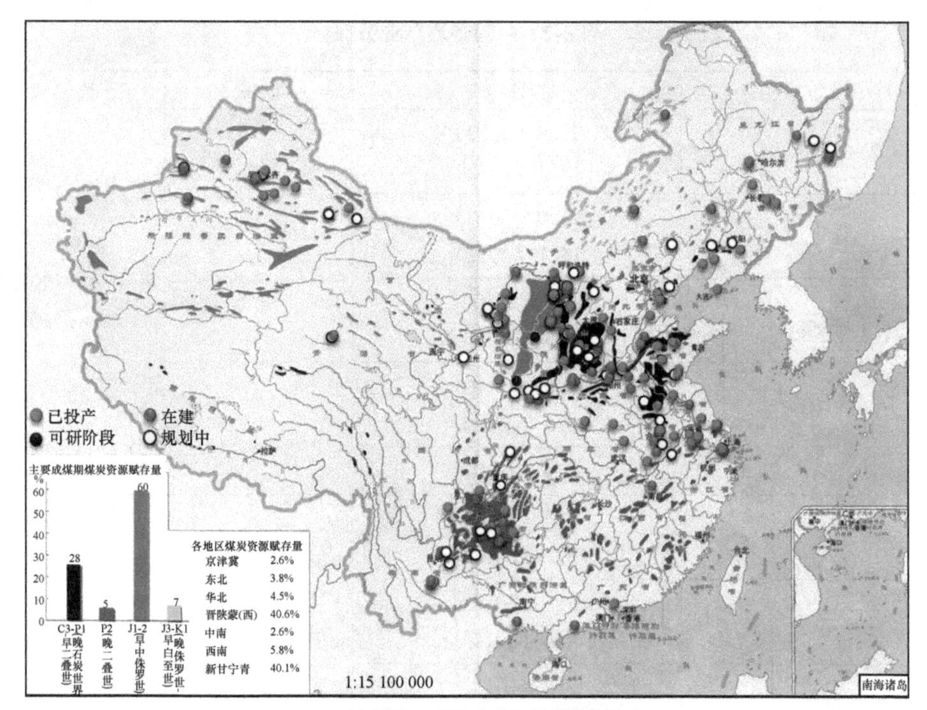

(a) 煤化工项目分布与煤炭资源分布

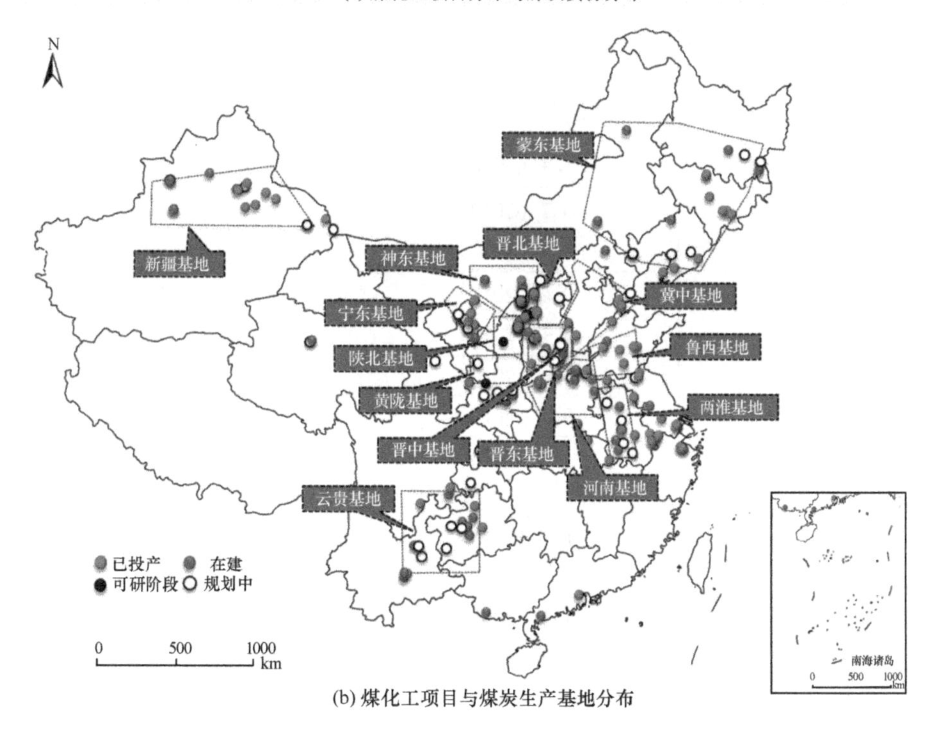

(b) 煤化工项目与煤炭生产基地分布

图 3-2　中国煤化工产业分布（2010 年）

浙江等东部沿海和广东、福建、海南等焦煤稀缺的地区，只能通过“北炭南运”来解决。

表 3-2　中国焦炭产业分布

省（自治区、直辖市）	比例/%	区域	比例/%
山西	21.9（2010） 19.4（2012）	华北	41.1（2010） 40.8（2012）
河北	13.0（2010） 15.1（2012）		
内蒙古	5.2（2010） 5.8（2012）		
天津	0.6（2010） 0.5（2012）		
北京	0.4（2010）		
山东	8.8（2010） 9.2（2012）	华东	19.5（2010） 20.1（2012）
江苏	3.6（2010） 4.6（2012）		
安徽	2.3（2010） 2.0（2012）		
江西	2.1（2010） 1.8（2012）		
上海	1.6（2010） 1.4（2012）		
浙江	0.7（2010） 0.7（2012）		
福建	0.4（2010） 0.4（2012）		
河南	6.6（2010） 5.5（2012）	华中	10.5（2010） 9.0（2012）
湖北	2.4（2010） 2.1（2012）		
湖南	1.5（2010） 1.4（2012）		
云南	4.1（2010） 3.5（2012）	西南	9.9（2010） 8.9（2012）
四川	3.0（2010） 2.9（2012）		
贵州	1.9（2010） 1.7（2012）		
重庆	0.9（2010） 0.8（2012）		

续表

省（自治区、直辖市）	比例/%	区域	比例/%
陕西	4.0（2010） 6.6（2012）	西北	9.1（2010） 11.9（2012）
新疆	3.1（2010） 2.9（2012）		
宁夏	1.1（2010） 1.1（2012）		
甘肃	0.6（2010） 0.8（2012）		
青海	0.3（2010） 0.5（2012）		
辽宁	4.8（2010） 4.6（2012）	东北	8.4（2010） 8.0（2012）
黑龙江	2.5（2010） 2.2（2012）		
吉林	1.1（2010） 1.2（2012）		
广东	0.5（2010） 0.4（2012）	华南	1.5（2010） 1.3（2012）
广西	1.0（2010） 0.9（2012）		

注：括号中数字为数据对应年份。

3.1.2.2　半焦产业分布

半焦主要是指低阶煤经过中低温热解得到的固体产品，是电石、铁合金和冶金行业的主要原料。生产半焦的主原料是长焰煤、不黏煤和弱黏煤，这些煤种主要分布在陕西榆林、宁夏灵武、内蒙古鄂尔多斯和新疆伊犁与哈密一带。陕西、内蒙古、宁夏、山西及新疆地区是中国半焦主要生产基地，尤以陕西榆林最大、质量最好。2010年陕西半焦产能超过1900万t，2012年超过3500万t，占全国总产能的50%以上，其次是新疆、内蒙古和宁夏，分别位于神东基地、新疆基地、陕北基地和宁东基地。

3.1.2.3 电石产业分布

中国的电石产业主要集中于西北地区、华北地区，以内蒙古、宁夏、新疆居多（表3-3），3自治区总和在2010年约占全国总产量的56%，在2012年约占60%。其中内蒙古2010年产量为410万t，约占全国总产量的28%；2012年产量为553万t，约占全国总产量的27%。电石以半焦为原料，是能源密集型行业，其产业集中区多以半焦主产区和电力价格低为特征。国内电石生产企业的规模参差不齐，规模最大企业的生产能力已超过百万吨，而部分小型企业的产能规模还不到3万t。截至2010年年底，产能小于5万t的电石企业仍占企业总数的40%，行业面临淘汰落后产能和结构调整等问题。

表3-3 中国电石产业分布

省（自治区）	比例/%	区域	比例/%
宁夏	16.1（2010） 16.6（2012）	西北	42.6（2010） 48.9（2012）
新疆	12.1（2010） 16.7（2012）		
陕西	7.1（2010） 7.8（2012）		
甘肃	6.7（2010） 6.8（2012）		
青海	0.6（2010） 1.0（2012）		
内蒙古	27.9（2010） 26.5（2012）	华北	29.9（2010） 28.8（2012）
山西	2.0（2010） 2.3（2012）		
湖北	6.8（2010） 4.0（2012）	华中	13.1（2010） 10.6（2012）
河南	5.3（2010） 5.3（2012）		
湖南	1.0（2010） 1.3（2012）		

续表

<table>
<tr><th>省（自治区）</th><th>比例/%</th><th>区域</th><th>比例/%</th></tr>
<tr><td>四川</td><td>5.3（2010）
3.8（2012）</td><td rowspan="3">西南</td><td rowspan="3">10.9（2010）
8.9（2012）</td></tr>
<tr><td>云南</td><td>3.1（2010）
3.1（2012）</td></tr>
<tr><td>贵州</td><td>2.5（2010）
2.0（2012）</td></tr>
<tr><td>广西</td><td>1.4（2010）
1.0（2012）</td><td>华南</td><td>1.4（2010）
1.0（2012）</td></tr>
<tr><td>浙江</td><td>0.5（2010）
0.3（2012）</td><td rowspan="4">华东</td><td rowspan="4">1.3（2010）
1.1（2012）</td></tr>
<tr><td>福建</td><td>0.5（2010）</td></tr>
<tr><td>山东</td><td>0.1（2010）
0.4（2012）</td></tr>
<tr><td>江苏</td><td>0.1（2010）</td></tr>
<tr><td>安徽</td><td>0.1（2012）</td><td rowspan="2">华东</td><td rowspan="2">1.3（2010）
1.1（2012）</td></tr>
<tr><td>江西</td><td>0.1（2010）
0.3（2012）</td></tr>
<tr><td>辽宁</td><td>0.5（2010）
0.7（2012）</td><td rowspan="2">东北</td><td rowspan="2">0.8（2010）
0.7（2012）</td></tr>
<tr><td>黑龙江</td><td>0.3（2010）</td></tr>
</table>

注：括号中数字为数据对应年份。

3.1.2.4　合成氨产业分布

中国合成氨产业分布较广，尤其是中小型合成氨生产企业几乎在所有省（自治区、直辖市）均有多家分布，主要分布在粮棉主产区和原料产地。华东地区合成氨产量最大，2010年约占全国合成氨总产量的29%，2012年约占28%；其次为华中地区、西南地区和华北地区。山东为合成氨产量最大的省份，2010年产量约占全国总产量的13%，2012年约占14%；山西东南部和毗邻的河南地区为无烟煤主产区，两省合成氨2010～2012年产量总和均约占全国总产量的17%（表3-4）。2012年12月31日工信部发布的《合成氨行业准入条件》（2012年第64号）要求新建项目必须建设在省（自治区、直辖市）规划的化工园区或集聚区，预示着未来合成氨产能将更加向资源集中地转移。

表 3-4　中国合成氨产业分布

省（自治区、直辖市）	比例/%	区域	比例/%
山东	13.4（2010） 13.9（2012）	华东	28.8（2010） 28.3（2012）
江苏	6.4（2010） 6.2（2012）		
安徽	5.4（2010） 5.4（2012）		
福建	2.1（2010） 1.5（2012）		
浙江	1.0（2010） 1.0（2012）		
江西	0.5（2010） 0.3（2012）		
河南	8.6（2010） 8.5（2012）	华中	19.8（2010） 18.3（2012）
湖北	7.9（2010） 6.8（2012）		
湖南	3.3（2010） 3.0（2012）		
四川	8.1（2010） 6.7（2012）	西南	18.6（2010） 17.3（2012）
云南	4.1（2010） 4.1（2012）		
贵州	3.5（2010） 3.9（2012）		
重庆	2.9（2010） 2.6（2012）		
山西	8.4（2010） 8.7（2012）	华北	15.9（2010） 17.7（2012）
河北	6.0（2010） 6.2（2012）		
内蒙古	1.4（2010） 2.4（2012）		
天津	0.1（2010） 0.4（2012）		

续表

省（自治区、直辖市）	比例/%	区域	比例/%
新疆	3.0（2010） 4.7（2012）	西北	9.0（2010） 11.2（2012）
陕西	2.5（2010） 2.4（2012）		
宁夏	2.0（2010） 1.9（2012）		
甘肃	1.5（2010） 1.4（2012）		
青海	0.8（2012）		
辽宁	1.6（2010） 1.7（2012）	东北	4.3（2010） 4.3（2012）
黑龙江	1.5（2010） 1.7（2012）		
吉林	1.2（2010） 0.9（2012）		
广西	1.8（2010） 1.6（2012）	华南	3.6（2010） 2.9（2012）
海南	1.7（2010） 1.2（2012）		
广东	0.1（2010） 0.1（2012）		

注：括号中数字为数据对应年份。

3.1.2.5 甲醇产业分布

2010年，中国的甲醇产业主要分布在华东地区，其甲醇产量约占全国的30%，其次为华北地区、西北地区和华中地区；2012年，甲醇产业的地区分布略有变化，华北地区成为主产区，其甲醇产量约占全国总产量的30%，其次为华东地区和西北地区。山东、内蒙古、河南、陕西和山西等地凭借其资源优势，成为甲醇生产企业最为密集的区域，2010年该区域合计产量超过830万t，约占全国总产量的60%；2012年合计产量超过1840万t，约占全国总产量的59%。2010年山东甲醇产量全国最大，约334万t，约占全国总产量的21%；2012年内蒙古甲醇产量居全国第一位，生产甲醇约655万t，约占全国总产量的21%（表3-5）。中国甲醇原料主要来自于煤炭，其次是天然气和焦炉煤气。以煤为原料的企业主要集中在山东、河南、内蒙古、河北、山西、陕西等产煤区；以天然气为原料的企业主要集中在西南、华南等地区；以焦炉煤气为原料的企业主要集中在山西、河北、山东等焦炭大省。

表3-5　中国甲醇产业分布

省（自治区、直辖市）	比例/%	区域	比例/%
山东	21.2（2010） 15.3（2012）	华东	30.0（2010） 23.2（2012）
上海	3.7（2010） 2.0（2012）		
安徽	2.2（2010） 1.5（2012）		
福建	1.2（2010） 0.8（2012）		
江苏	0.8（2010） 2.9（2012）		
浙江	0.8（2010） 0.6（2012）		
江西	0.1（2010） 0.1（2012）		
内蒙古	11.2（2010） 20.9（2012）	华北	23.4（2010） 30.1（2012）
山西	6.8（2010） 5.6（2012）		
河北	5.4（2010） 3.6（2012）		
陕西	9.5（2010） 10.2（2012）	西北	16.3（2010） 20.9（2012）
宁夏	3.2（2010） 3.2（2012）		
新疆	1.8（2010） 1.9（2012）		
青海	1.5（2010） 3.5（2012）		
甘肃	0.3（2010） 2.1（2012）		

续表

省（自治区、直辖市）	比例/%	区域	比例/%
河南	10.9（2010） 6.7（2012）	华中	13.9（2010） 8.2（2012）
湖北	2.6（2010） 1.4（2012）		
湖南	0.4（2010） 0.1（2012）		
重庆	4.7（2010） 4.0（2012）	西南	7.9（2010） 8.9（2012）
四川	2.4（2010） 2.3（2012）		
云南	0.6（2010） 1.3（2012）		
贵州	0.2（2010） 1.3（2012）		
海南	4.0（2010） 5.4（2012）	华南	4.4（2010） 6.0（2012）
广西	0.4（2010） 0.5（2012）		
广东	0.1（2012）		
黑龙江	3.4（2010） 1.9（2012）	东北	4.1（2010） 2.7（2012）
辽宁	0.6（2010） 0.6（2012）		
吉林	0.1（2010） 0.2（2012）		

注：括号中数字为数据对应年份。

3.1.2.6　煤基化学品产业分布

以甲醇为中间产品的煤基烯烃，到2013年年底共有4个项目处于示范阶段，分别是神华集团在内蒙古包头的60万t煤制烯烃项目，中国石化集团中原石油化工有限责任公司（简称中原石化）在河南濮阳的20万t煤制烯烃项目，神华集团在宁夏银川的52万t煤制丙烯项目和大唐国际发电股份有限公司（简称大唐国际）在内蒙古多伦的46万t煤制丙烯项目。

煤基乙二醇也已有几个示范项目，其中通辽金煤化工有限公司的 20 万 t 项目位于内蒙古通辽，永金化工有限公司的 20 万 t 项目位于河南濮阳，山东华鲁恒升化工股份有限公司的 5 万 t 项目位于山东德州。

二甲醚产能较为分散，主要位于湖北、河南、山西、江苏、山东、河北，其 2010 年合计产量超过 396 万 t，约占全国当年总产量的 55%。其中湖北产量最大，超过 100 万 t，约占全国总产量的 14%。

中国醋酸产业集中度较高，主要分布于长三角地区，该地区是中国石化工业的重要基地，工业配套条件优越。2010 年中国醋酸产能主要分布在江苏，产能超过 228 万 t，其他产能较大的地区还包括山东、上海、吉林等省（直辖市）。醋酐产业分布与醋酸相似，以长三角地区为主要聚集区。2010 年中国醋酐产能主要分布在江苏，产能超过 31 万 t，其他产能较大的地区还包括吉林、山东、上海、安徽等省（直辖市）。

3.1.2.7 煤基液体燃料产业分布

煤基液体燃料主要有煤直接液化、间接液化和煤经甲醇制汽油三种技术路线，截至 2013 年年底，煤直接液化制油只有神华集团在内蒙古鄂尔多斯 108 万 t 的示范项目，间接液化共有 3 个项目处于工程示范阶段，分别是内蒙古伊泰集团在内蒙古鄂尔多斯一期 16 万 t、神华集团在内蒙古鄂尔多斯 18 万 t 和山西潞安集团在山西长治的 16 万 t 示范项目。煤经甲醇制汽油有山西晋煤集团在山西晋城的 10 万 t 示范项目、内蒙古庆华集团在内蒙古阿拉善的 20 万 t 项目，以及新疆新业能源化工有限责任公司在新疆王家渠市的 10 万 t 项目。

3.1.2.8 煤制天然气产业分布

煤制天然气的工程示范也取得初步成果。2012 年 7 月顺利投产的我国第一套 40 亿 Nm^3 的煤制天然气项目位于内蒙古克旗，属于大唐国际。此外，截至 2012 年年底，通过正式核准建设的项目还有 3 个，分别是庆华集团在新疆伊犁的 55 亿 Nm^3、大唐国际在辽宁阜新 40 亿 Nm^3 和汇能集团在内蒙古鄂尔多斯 16 亿 Nm^3 项目，煤制天然气项目多分布在煤炭资源多且难以输出的地区。

3.1.3　煤化工产业工业生产参数

单位产品工业生产的基本参数是衡量行业技术水平以及进行行业整体测算的基础，本书调研并综合了主要煤化工产品代表性生产工艺的单位产品工业生产参数，包括项目的原料煤消耗、新鲜水用量、能效以及 CO_2 排放量（图 3-3）。所有项目参数的边界均从原料煤开始。现实中，由于采用的生产工艺技术不同、原料煤不同，指标值会出现一定差异。

煤制芳烃、烯烃、丙烯、氢气、煤经甲醇制汽油的煤耗量较高，其中煤制氢气由于产品中不含碳，所以煤耗量最高，就整体而言，现代煤化工产品的原料煤消耗普遍高于传统煤化工［图 3-3(a)］，这主要是由于现代煤化工的工艺流程复杂，煤炭的转化程度较深。单位产品新鲜水消耗比较表明［图 3-3(b)］，煤经甲醇制汽油、丙烯、芳烃、烯烃和煤制乙二醇用水量较高，电石、焦炭、半焦的用水量较小，整体而言，初级转化产品用水量少，深度转化产品用水量多。与此类似的还有项目能效，因每个工序都产生能量损耗，因此工艺路线越长即转化越深项目能效就越低，煤经甲醇制丙烯、芳烃、烯烃、汽油等深度转化过程的项目能效均在 45% 以下［图 3-3(c)］。图 3-3（d）比较了生产单位产品的 CO_2 排放量，煤制氢气的 CO_2 排放量最高，其次为煤制烯烃、间接液化、煤经甲醇制汽油、煤制芳烃；间接液化的 CO_2 排放量高于直接液化；焦炭、半焦、电石的 CO_2 排放量较低，现代煤化工的 CO_2 排放量高于传统煤化工，但是对于产品中含有氧的情况如煤基乙二醇、煤基醋酸和醋酐，CO_2 排放量则明显低于其他现代煤化工产品，说明生产含氧的化工产品对减少 CO_2 排放量是有利的，其主要原因是煤中的氧直接转化进了产品，同理，其水消耗量也低于其他现代煤化工产品。

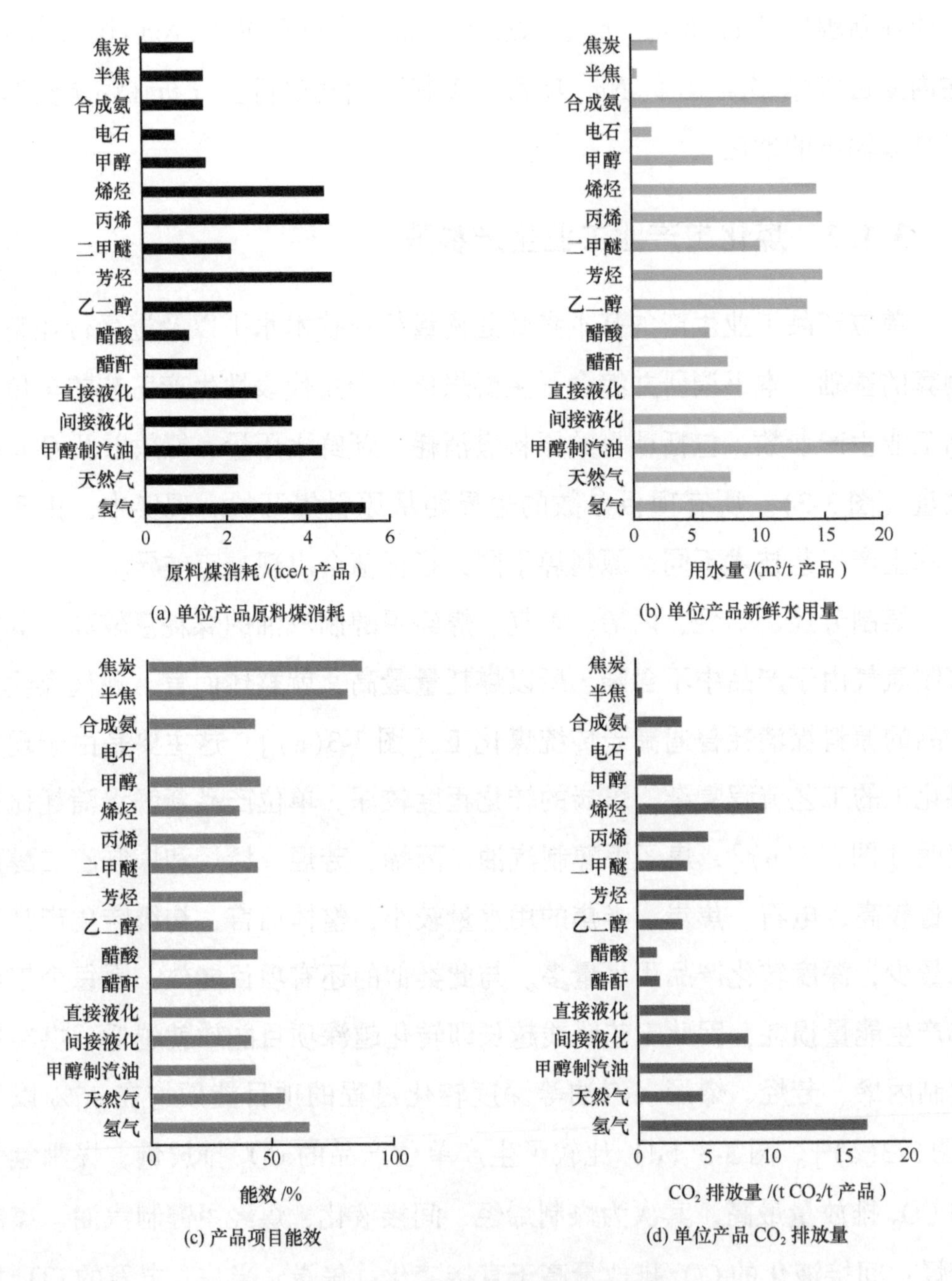

图 3-3　中国煤化工主要产品的工业生产参数比较

注：参数边界均从原煤开始；天然气单位按 1000Nm^3 计，其余按 t 计；项目总能耗计算方法：原料形式能量消耗+公用工程能量消耗−主产品热值−副产品热值；产品项目能效计算公式：100×（主产品热值+副产品热值）/（原料形式能量消耗+公用工程能量消耗）。

以上分析表明原料煤、新鲜水的消耗、CO_2 排放与煤的转化深度密切相关。而从市场角度观察，半焦、焦炭、电石等产品的附加值较低，经济性较差，相反，烯烃、乙二醇等新的煤基化工产品的价值增幅较大，经济性较好。

3.1.4 煤化工产业物质流和能量流

根据调研数据本节估算了2010年及2012年从煤经由各种技术路线到产品的原料煤消耗、燃料煤消耗、能量消耗、新鲜水消耗、SO_2 排放、CO_2 排放等的物质流向和能量流向，这种分析对于从宏观上认识、诊断我国煤化工产业很有帮助。

3.1.4.1 煤炭消耗

2010年中国煤化工消耗原料煤约6.9亿t，约占当年全国煤炭总产量的21.4%，其中约80.8%的煤炭通过热解的路径转化，18.6%的煤炭通过气化路径转化，液化路径只消耗400万余吨煤。从产品端分析，焦炭为主要耗煤产品，其原料煤消耗约占煤化工原料煤消耗总量的73.9%，占全国煤炭产量的15.8%，其次的耗煤大户为合成氨、半焦、甲醇和电石（图3-4）。2012年中国煤化工产品增加了煤基天然气和煤基丙烯，其他产品产量均有增长，煤化工产业原料煤耗量增加到8.5亿t，约占全国煤炭总产量的23.3%，其中约78.4%通过热解路径转化，21.1%通过气化路径转化。传统煤化工产品依然是主要耗煤产品，焦炭原料煤耗量约占煤化工原料煤耗总量的68.6%，占全国煤炭产量的16.0%，其次为合成氨、甲醇、半焦和电石。从耗煤量来看，传统煤化工在中国煤化工产业中依然占主导地位。

2010年中国煤化工行业消耗燃料煤共约4900万t原煤，主要消耗在气化路径，这主要缘于气化过程需要大量的过热蒸汽，而热解过程的燃料主要来自于自身的热解气体，几乎不消耗燃料煤。产品中合成氨消耗最多，约占52.5%，甲醇次之，约占26.2%，其余产品所耗比例较小（图3-5）。2012年煤化工燃料煤耗约增加至7300万t，主要源自甲醇产量和合成氨产量的增长。主要的燃料煤消耗产品仍然是合成氨和甲醇，分别约占

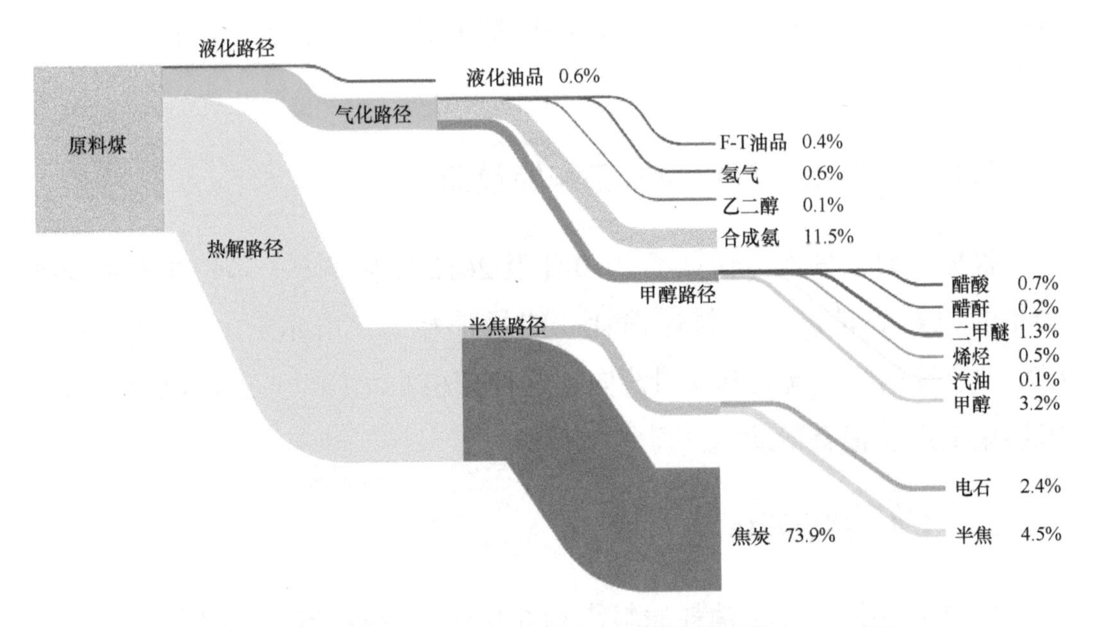

图 3-4 中国煤化工原料煤消耗流向图（边界从原煤开始）(2010 年)

煤化工总消耗的 39% 和 38%。

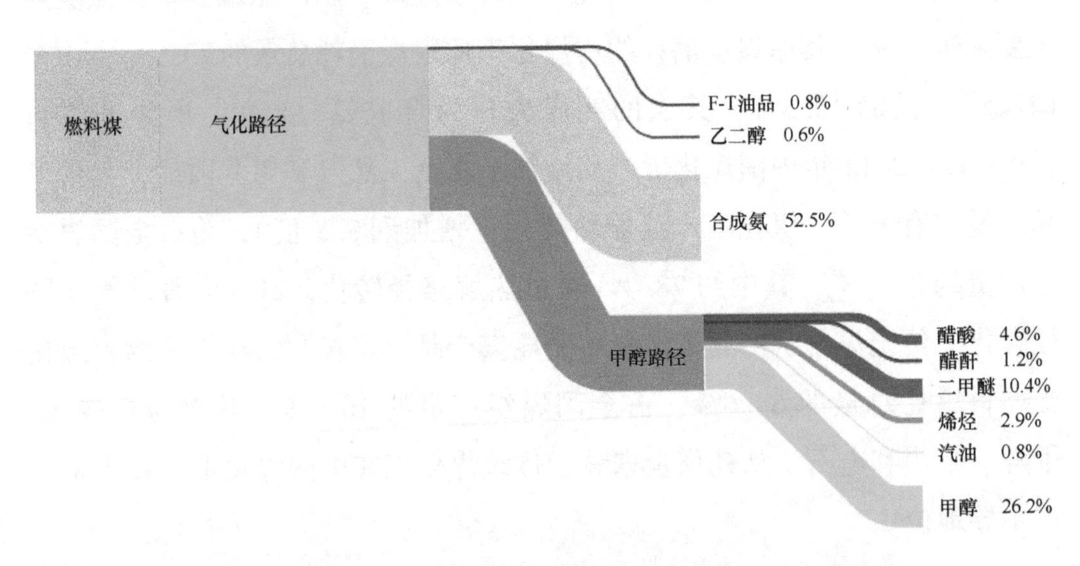

图 3-5 中国煤化工燃料煤消耗流向图（边界从原煤开始）(2010 年)

3.1.4.2 能量消耗

2010 年中国煤化工行业耗能约 1.5 亿 tce，约占全国工业能耗的 6.9%。图 3-6 显示热解路径耗能比例较高，约占 55.9%，气化路径次之，约占43.0%。从产品端分析，焦炭是耗能大户，约占煤化工总能耗的40.6%；其次为合成氨，占24.4%；电石占11.2%；甲醇占8.7%；半焦占4.1%；其余产品耗能较少。2012年中国煤化工能耗增加至2.0亿tce。从消耗路径分析，热解路径约占51.8%，气化路径约占47.4%。从产品端分析，焦炭占34.9%，合成氨占20.5%，甲醇占14.1%，电石占10.8%，其余产品所占较少。

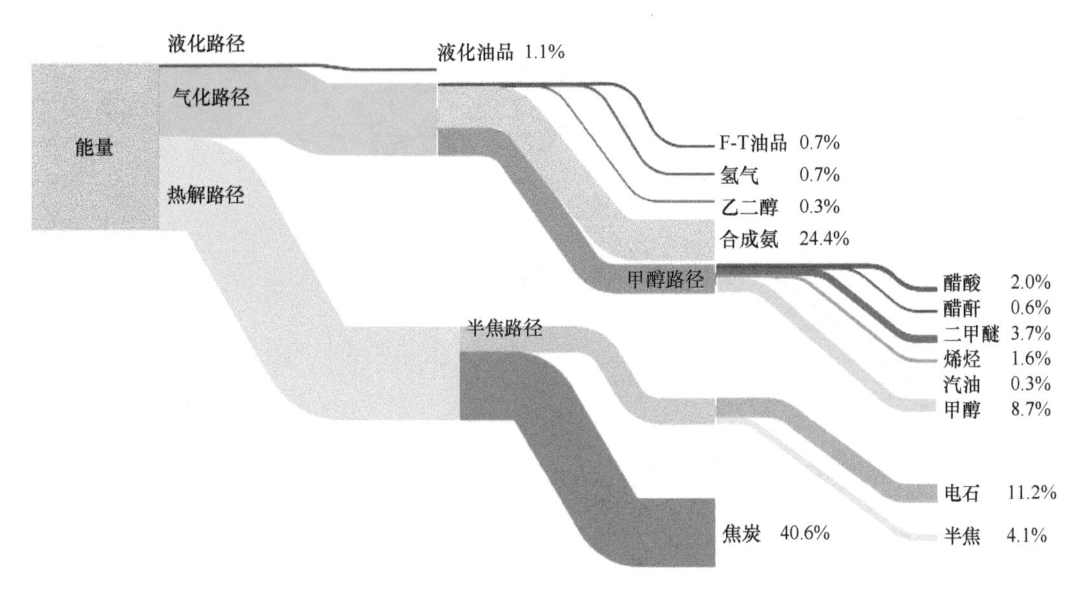

图3-6　中国煤化工能量消耗流向图（边界从原煤开始）（2010年）

3.1.4.3　新鲜水消耗

粗略估算，2010年中国煤化工新鲜水用量约14.4亿m^3，约占全国工业用水量的1.0%，占全国用水量的0.24%。从图3-7可以看出，热解路径用水最高，约占56.4%，气化路径约占43%，液化路径用水只有约900万m^3。从产品端分析，焦炭和合成氨是用水大户，分别约占煤化工用水量的54.4%和33%。2012年中国煤化工新鲜水用量约增加至17.4亿m^3，占全国工业用水量的1.2%，占全国用水量的0.28%。热解依然是用水最多的路径，约占53.8%，其次为气化路径，约占45.6%。主要用水产品仍然是焦炭和合成氨，分别占煤化工用水总量的51.5%和30.4%。

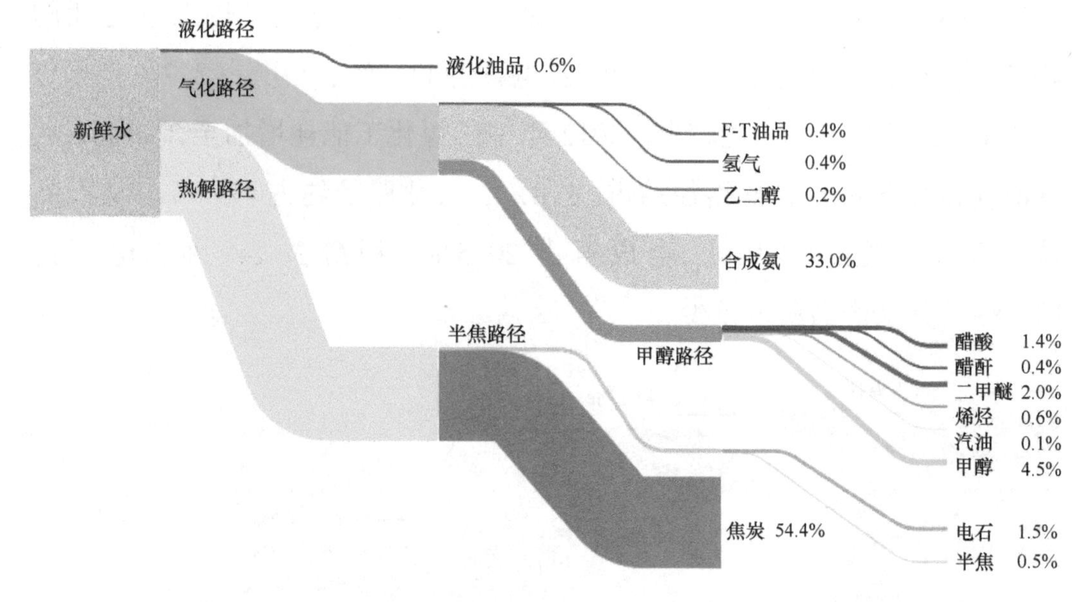

图 3-7 中国煤化工新鲜水消耗流向图（边界从原煤开始）（2010 年）

3.1.4.4 CO_2 和 SO_2 排放

2010 年中国煤化工行业排放 CO_2 约 2.7 亿 t，约占全国 CO_2 排放总量的 3.3%。图 3-8 显示气化路径排放最高，约占 70.1%，热解路径约占 28.3%，液化路径排放 CO_2 目前只有约 400 万 t。从产品端分析，合成氨和焦炭是主要的 CO_2 排放行业，分别约占煤化工 CO_2 排放总量的 46.6% 和 22%，其次甲醇约占 10%，半焦约占 4.3%。2012 年中国煤化工 CO_2 排放量约增加至 3.6 亿 t，约占全国 CO_2 排放总量的 3.9%。气化路径约占 71.3%，热解路径约占 27.6%。合成氨依然是最大的 CO_2 排放产品，约占煤化工 CO_2 排放总量的 39.4%；其次为焦炭，约占 19.1%；甲醇约占 16.4%。

2010 年中国煤化工行业排放 SO_2 约 64.38 万 t，约占全国 SO_2 排放总量的 2.8%。图 3-9 表明气化路径排放最高，约占 83.47%，热解路径约占 16.5%，液化路径排放微乎其微。2012 年中国煤化工 SO_2 排放量增加至 78.8 万 t，约占全国 SO_2 排放总量的 3.7%。各路径和产品所占比例变化不大。气化路径占约 76.19%，热解路径约 23.79%。

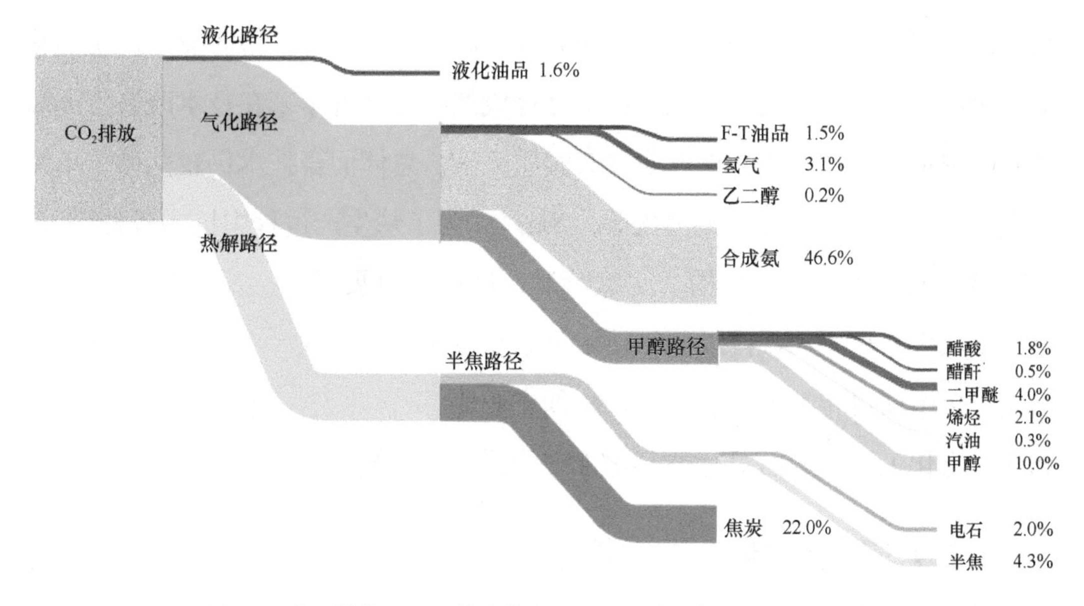

图3-8　中国煤化工 CO_2 排放构成图（边界从原煤开始）（2010年）

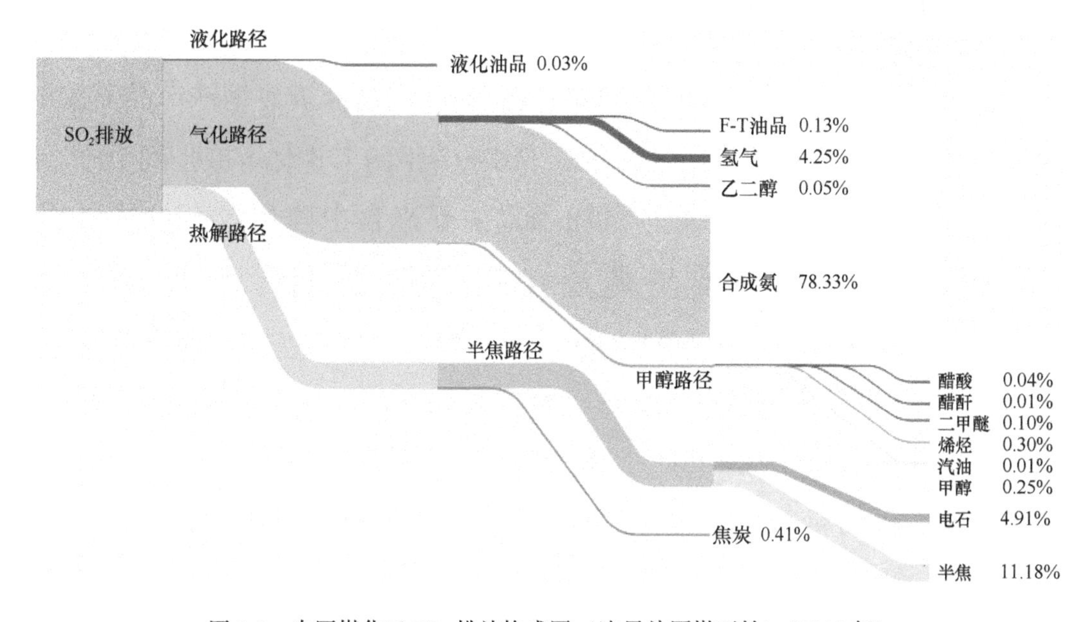

图3-9　中国煤化工 SO_2 排放构成图（边界从原煤开始）（2010年）

3.2　中国煤炭转化技术现状

传统煤化工主要指“煤—焦炭”、“煤—半焦—电石”、“煤—合成氨”、“煤—甲醇”四类产业路线，涉及焦炭、半焦、合成氨、甲醇、电石五种产品。现代煤化工发展以洁净能源和化学品为目标产品，通常指煤制油、煤制天然气、煤制二甲醚、煤制烯烃、煤制芳烃、煤制乙二醇等新型产业。传统煤化工产业经过几十年的发展，工艺技术已经成熟，虽然近年来在技术改造方面取得较大进步，但在工艺过程方面没有实质突破，总体而言技术仍较落后、单系列规模偏小、能耗较高（吴占松等，2007）。为了从生产过程中挖掘各种潜能，传统煤化工在调整产业结构、淘汰落后产能的方针要求下，不断进行技术改造、扩大生产规模。现代煤化工技术不断获得突破，新的煤转化产品路线不断出现，多个项目相继示范成功，正在朝产业化方向发展。本节将从传统煤化工和现代煤化工两个方面对全国煤化工产业技术进行梳理。

3.2.1 传统煤化工产业技术

3.2.1.1 焦炭产业技术

焦炭是钢铁行业重要的基础原材料。随着国民经济对钢铁产品需求的增长，中国焦炭行业规模不断扩大，从2001年的1.3亿t扩张到2011年的4.3亿t。目前世界焦炭产量的增量主要来自中国焦炭产量的增加。2011年，全球焦炭产量6.56亿t，中国焦炭产量占世界焦炭总产量的66%，处于领先地位（表3-6）。2008年以前，中国焦炭出口量在1400万t/a左右，在世界焦炭出口贸易中占有举足轻重的地位。2009年由于受金融危机的影响及中国焦炭出口关税的调整，中国焦炭出口锐减，2010年有所恢复，但仍与2008年相差甚远。

表3-6 2001～2011年中国焦炭产量及占全球的比例

项目	2001年	2002年	2003年	2004年	2005年	2006年	2007年	2008年	2009年	2010年	2011年
世界焦炭产量/万t	34 465	35 800	39 034	42 670	47 700	52 700	54 475	54 503	57 503	62 917	65 562
中国焦炭产量/万t	13 130	14 280	17 776	20 873	23 903	28 284	32 894	32 359	34 502	38 864	43 271
中国焦炭产量占全球比例/%	38	40	46	49	50	54	60	59	60	62	66

中国的焦炭生产企业主要分为两类：一类是钢铁联合企业内部自有焦化生产厂，焦炭生产以供应企业炼铁生产为主；另一类是独立焦炭生产企业，焦炭全部作为商品外销。独立焦化企业与钢铁联合企业中的焦化企业相比，钢铁联合企业中的焦化企业产品消费稳定且具有排他性，钢铁联合企业的焦炭产能利用率高，市场需求减少时，钢铁企业将首先减少外部采购，保证对自有焦化企业的产品需求。而独立焦炭生产企业由于没有稳定的下游消费客户，在焦炭市场需求减少的情况下，将首先受到冲击。根据中国炼焦工业协会数据，2012 年重点大中型钢铁联合企业生产焦炭 13 004 万 t，同比下降 0.5%，其中钢铁企业自产焦炭占 29.34%，同比下降 1.69%。独立焦化企业生产焦炭 31 319 万 t，同比增长 7.8%，增幅高于钢铁联合企业。

焦炉大型化和清洁化是炼焦技术可持续发展的趋势。2004 年国家发展和改革委员会（简称国家发改委）出台的《焦化行业准入条件》（[2004] 76）中规定，新建和改扩建机焦炉炭化室高度必须达到 4.3m 以上（含 4.3m），年生产能力 60 万 t 及以上。工业和信息化部 2008 年出台的《焦化行业准入条件（2008 年修订）》（产业 [2008 年] 第 15 号）中进一步规定，新建顶装焦炉炭化室高度必须≥6.0m，容积≥38.5m^3，新建捣固焦炉炭化室高度必须≥5.5m，捣固饼体积≥35m^3，企业生产能力 100 万 t 以上。中国目前运行的炼焦炉主要有顶装煤焦炉、捣固焦炉。捣固焦炉作为新型炼焦技术在全国已经建成投产 350 多座，绝大多数为 4.3m 及以下的焦炉，5.5m 和 6.25m 的捣固焦炉正在推广中（白金锋和徐君，2011）。另外，干熄焦技术已在鞍钢、上海焦化厂、攀钢等大型冶金焦化企业得到应用，技术基本实现国产化（兰德年，2008），正在全国推广。一些国外引进的低水分熄焦等节能、节水、净化技术也正在逐步应用于中国的炼焦企业（朱贵锋，2011）。焦化作为中国体量最大的煤化工产业，正在朝高效、节能、节水和环保的方向发展。

3.2.1.2 中低温热解技术

中低温热解指热解温度在500～800℃的干馏过程，主要以低阶煤（褐煤、长焰煤、弱黏煤和不黏煤等）为原料，产品为半焦、煤焦油和煤气。国外对煤中低温热解工艺研究开发历史较长，国内目前使用及研发的炉型基本都是在国外研究基础上开发的（高晋生和谢克昌，2010）。煤的中低温热解是实现煤炭综合利用的先导手段，通过该技术将低阶煤“分解”为气、液、固三类次级产品，气体产品做清洁燃料或者化学转化原料，液体产品可深加工为化学品或者油品，固体产品可以做清洁的燃料，也可以用做冶金原料，从而实现煤炭能源和资源的综合利用。

国内外用于大规模生产实践的主流炉型仍停留在传统技术上，在鲁奇三段炉的基础上开发的内热式直立炉建成规模最大、使用最广泛。但其原料必须为大于20mm的块煤；所产煤气纯度不高、附加值低；焦油回收率也不超过7%。近年来国内围绕如何实现粉（粒）煤快速热解、提高焦油产率、提升焦炉煤气品质等方面进行了广泛的研究试验，取得了一些有发展前景的技术成果，但距进入大规模工业化仍有差距。陕西煤业化工集团有限责任公司（简称陕煤化集团）与大连理工大学合作开发的粉煤固体热载体快速热解技术采用榆林地区粒度小于6mm的长焰煤，在常压移动床快速热解反应器内进行低温热解，围绕粉煤固体热载体快速热解关键技术与装备、高效气固分离技术、干法熄焦技术和尾气余热回收技术等关键环节，开发了新型粉煤快速热解的技术、新工艺及新装备。经过7年多研究开发，已经在陕北锦界工业园区建成60万t/a工业化示范装置，目前正在调试及试运行。西安三瑞实业有限公司开发的外热式回转炉技术（采用0～30mm长焰煤），已在神华集团新疆能源有限责任公司（简称神华新疆公司）建成投产15万t/a煤干馏装置。北京低碳清洁能源研究所开发的煤精炼技术已经完成100万t的工艺包设计，计划利用呼伦贝尔宝日希勒的褐煤作原料，建成1000万t规模的煤精炼示范工程。另外，神雾环境能源科技集团股份有限公司、柯林斯达科技发展有限公司等公司也在开发新的中低温热解工艺技术，“十二五”期间有望突破。

3.2.1.3　甲醇产业技术

随着现代煤化工的发展，甲醇已经成为煤制烯烃、煤制芳烃、醇醚燃料等化学品的主要中间原料。甲醇作为有机化工产品在世界范围内产量仅次于乙烯、丙烯及纯苯等基础原料，是 C_1 化工的基础。2008 年世界甲醇生产能力达到6800 万 t，2009 年达到7350 万 t。大致的地域分布为：亚洲 44.6%，中东 18.6%，中南美洲 18.2%，欧洲 13.1%。近几年甲醇生产亚洲增长最快，年均增长率达到 28%，远高于世界平均 9.6% 的增长水平；北美洲降幅最大，达到 26.3%。2003～2004 年中国甲醇产能开始高速增长，主要的产能增长发生在 2004 年以后，至 2010 年中国甲醇的产能、产量、消费量均成为世界第一（谭恒俊，2012）。

装置大型化、超大型化是甲醇生产技术的一个显著特点。随着鲁奇公司超大规模甲醇（Mega-Methanol）概念的提出，鲁奇、托普索（Topsoe）、戴维（Davy）等著名甲醇技术供应商相继开发出了年产百万吨以上的甲醇生产技术，并成功实现了商业转让（周士义和李杰，2011）。国家发改委发布的《关于规范煤化工产业有序发展的通知》（发改产业［2011］635 号）明确规定，新建甲醇装置规模需在 100 万 t 以上。国外甲醇装置规模已达 170 万 t 以上，且采用天然气路线，成本竞争力较强。而国内甲醇装置单系列生产能力为10 万～30 万 t，多数以煤为原料，单位产能投资高（约为国外大型甲醇装置投资的两倍），产品成本较高。虽然大型煤制甲醇技术已经成熟，但中国60 万 t 以上甲醇装置的技术和关键设备主要依靠进口，还没有实现完全国产化。国内开发的甲醇工业化装置单系列最大规模为 30 万～50 万 t。甲醇合成反应器主要采用成都通用工程技术公司“螺旋管-直管复合串联外冷式甲醇合成塔”、华东理工大学“绝热-管壳复合型甲醇合成塔”（胡召芳，2007）、杭州林达公司“均温气冷型甲醇合成塔”和“立式水冷、卧式水冷副产蒸汽型甲醇合成塔”、南京国昌公司“段间冷激式甲醇合成塔”和“水冷折流板径向甲醇合成反应器”、湖南安淳公司“JJD 低压恒温悬挂水管式甲醇合成塔”，以及国产化的管壳式副产蒸汽型甲醇合成塔（肖海成和孔繁华，2002）。总体来看，中国甲醇技术比较落后，单系列规模偏小，应加大甲醇技术大型化开发力度，逐步缩小与国外的差距。

3.2.1.4 合成氨产业技术

中国合成氨工业经过40多年的发展，产量已跃居世界第一位，掌握了以焦炭、无烟煤、褐煤、焦炉气、天然气及油田伴生气和液态烃等气固液多种原料生产合成氨的技术，形成中国特有的煤、石油、天然气原料并存和大、中、小生产规模并存的合成氨生产格局（韩红梅，2010）。中国合成氨工业稳步发展，产量逐年增加，国内自给率迅速提高。2000～2012年，中国合成氨产量由3364万t增加至6008万t，年均增长5.0%。

目前卡萨利、托普索、戴维、鲁奇、伍德等合成氨公司都相继开发了年产60万～100万t规模的合成氨装置，并在我国成功建设投用，综合能耗大大降低，成本竞争力较强。中国合成氨技术开发也取得了很大的成绩，北京寰球工程公司自主设计的氨合成塔在2004年成功应用于山东德州华鲁恒升公司1000t/d的合成氨装置上，运行平稳，指标达到设计值，其公司在宁夏银川和新疆阿克苏设计的两套气头1500t/d的合成氨装置正在建设当中；湖南安淳公司开发的大型合成塔投用于河南心连心公司、陕西龙门等公司1000t/d的合成氨装置上；南京国昌化工科技有限公司开发的大型低压氨合成技术及GC型轴径向氨合成反应器，在国内1000t/d以上合成氨装置上也成功应用。国产型大型低压氨合成技术完全符合我国氨工业的发展方向，打破了国外公司对低压大型合成氨技术的垄断现状。其低压合成氨工艺的氨净值可达到16.5～18，并具有合成塔结构先进、投资费用低、反应热利用率高等特点。

合成氨装置的大型化也是世界合成氨的主流发展趋势，目前世界最大单系列合成氨装置规模已达80万～100万t。我国合成氨平均规模较小，中小型合成氨厂多数采用无烟煤固定床气化、32MPa中压合成技术，技术落后、能耗高、污染大，属于淘汰之列（吴玉萍，2011）。近年来国内建设了一批以煤为原料、规模为 50 万 ~ 60 万 t 的合成氨装置，并陆续投产，国家要求今后新建合成氨装置单系列达到 60 万 ~ 100 万 t 的国际先进水平。

3.2.1.5 电石产业技术

中国电石行业的发展已有 50 多年的历史，产能、产量均跃居世界首位。目前，国外电石基本停产，产能主要集中在中国。

国外电石生产的炉型基本上都是大型密闭炉（姜国平，2011），生产采用的先进技术包括空心电极、电极组合把持器、三台单相变压器供电、炉气干法除尘、粉尘煅烧综合利用、机械化出炉、炉体风冷及计算机控制技术等。此外发达国家非常注重综合利用技术，采用炉气综合利用技术，对炉气采用冷却、干法除尘净化工艺，炉气用于气烧石灰窑，炉尘收集后经煅烧处理作果树的肥料等，因此节能降耗效果显著。在 20 世纪 80 年代，发达国家就达到每吨电石电炉耗电小于 3000kW·h，消耗电极 14kg、石灰 865kg、焦炭 494kg 的先进水平。

近年来中国电石生产技术进步飞快，生产装置由开放炉、半密闭炉发展到现在的全密闭炉，由停电压放电极发展到现在不需停电的连续压放电极，由三相变压器供电发展到三台单相变压器组合供电，由不相等长度的短网发展到现在基本长度一致的短网，由人工操作发展到计算机控制等。但从全国近年生产电石的电耗和能耗统计值来看（表 3-7），平均每吨电石电耗依然高达 3350kW·h（郭田敏，2007），与国外相比仍有较大差距，装置整体技术水平还有待提高。根据国家产业政策要求，鼓励电石生产企业采用大型密闭炉、空心电极、炉气除尘、余热回收、CO 综合利用等先进技术，以降低能耗、减少污染、提高能效，总体达到国际先进水平。

表 3-7　中国电石生产电耗能耗情况（平均值）

年份	电炉电耗/(kW·h/t)	综合能耗/(tce/t)
2006	3665	1.176
2007	3464	1.103
2008	3440	1.100
2009	—	1.018
2010	3350	—

3.2.2　现代煤化工产业技术

3.2.2.1　煤制油产业技术

(1) 煤直接液化技术

煤直接液化技术是通过对煤加热、加压、催化加氢，获得液化油，并进一步加工成汽油、柴油及其他化工产品。其典型的工艺过程主要包括煤的破碎与干燥、煤浆制备、加氢液化、固液分离、气体净化、液体产品分馏和精制，以及液化残渣利用等部分，其特点是对煤种要求较为严格、热效率高、液体产品收率高（程宗泽和张十川，2009）。世界上有代表性的直接液化工艺是日本的 NEDOL 工艺、德国的 IGOR 工艺和美国的 HTI 工艺。20 世纪 70 年代末中国开始进行煤炭直接液化技术的研究。1997～2001 年，神华集团在对各煤种及各煤矿区进行对比研究的基础上，最终选择在神府东胜矿区筹建中国第一座煤炭液化示范厂。2004 年神华集团在上海建成处理煤量为 6t/d 的煤直接液化工艺开发装置（PDU），为工业化奠定了良好基础。2008 年 12 月 31 日，神华集团在内蒙古鄂尔多斯的世界首套百万吨煤直接液化工业示范厂一次性试车成功，成为世界最大、技术最先进的煤直接液化商业化示范工厂，标志着中国煤直接液化技术已经处于世界领先水平（张玉卓，2011）。

（2）煤间接液化技术

煤间接液化技术是将煤气化制得合成气，然后在一定温度和压力下，将其催化合成为燃料油及其他化工产品的工艺，包括煤炭气化、合成气体变换与净化、催化合成烃类产品，以及产品分离和改质加工等过程。其主要产品有：石脑油、柴油和蜡、乙烯、丙烯、醛、醇、酮等化工产品（孙启文和谢克昌，2012）。煤间接液化的特点是适用煤种广、工艺流程复杂、投资大等。煤炭间接液化技术主要有3类，即南非的萨索尔（Sasol）费托合成法、美国的莫比尔法（Mobil）和正在开发的直接合成法（程宗泽和张十川，2009）。中国科学院山西煤炭化学研究所从20世纪80年代开始进行铁基、钴基两大类催化剂F-T合成油煤炭间接液化技术研究及工程开发，“十五”期间完成了ICC1-IA低温催化剂的合成技术中试验证，开发了ICC-I低温（230～270℃）和ICC-II高温（250～290℃）两大系列铁基催化剂技术及相应的浆态床反应器技术，并分别形成了两个系列的合成工艺，即针对低温合成催化剂的重质馏分合成工艺ICC-HFPT和针对高温合成催化剂的轻质馏分合成工艺ICC-LFPT。上述技术分别在山西长治、内蒙古鄂尔多斯进行了16万～18万t的工程示范应用，目前这些示范项目运行稳定。2004年，山东兖矿集团成功开发低温低压（LTFT）浆态床合成油技术并进行了工业试验，该技术采用三相浆态床低温费托合成反应器、铁基础催化剂，反应温度240℃左右、反应压力3.0MPa左右，与国内外其他煤间接液化技术相比，该技术具有如下特点：①单位油品催化剂消耗低且柴油选择性高，柴油选择性>70%；②费托合成反应器产能高，同直径费托合成反应器的产能是国内同类技术的1.5倍，单台费托合成反应器油品产能高达75万t/a；③工艺流程简洁合理；④综合热能利用效率高。之后兖矿又开发了高温F-T合成技术。2012年6月兖矿采用低温费托合成技术在榆林开工建设100万t煤间接法制油示范项目，预计2015年投料试车并进行工业示范。

(3) 中低温煤焦油加氢技术

目前中低温煤焦油加工基本采用加氢制燃料油(主要是柴油),其技术起源于18世纪30年代,第二次世界大战期间德国总产能曾达到416万t/a。第二次世界大战结束后,美国、苏联和东欧一些国家曾继续进行研发和少量生产,但均未实现大规模工业化。我国在抚顺石油三厂曾建有煤焦油加氢装置,加工过煤焦油数万吨,但未被大规模推广。进入21世纪以来,中低温煤焦油深加工技术又重新受到关注。

目前国内煤焦油加氢技术主要有馏分油加氢、延迟焦化加氢、全馏分加氢、悬浮床加氢等6项技术。陕西煤业化工集团相继开发了延迟焦化加氢及全馏分加氢两项工艺技术,在陕北地区相继建成了50万t煤焦油延迟焦化加氢和12万t煤焦油全馏分加氢示范装置。其中50万t煤焦油轻质化生产装置是当前国内单套规模最大、技术等级和转化率最高的生产装置(陈继军等,2011)。2013年12万t/a煤焦油全馏分加氢工业化示范装置顺利通过中国石油和化学工业联合会现场技术考核,居世界领先水平。

(4) 煤经甲醇制汽油技术

煤经甲醇制汽油技术是以甲醇为原料,通过催化转化为汽油,是煤制油的另一技术路线。该技术路线可作为煤制油的一种补充技术,已经实现工业化应用的有埃克森美孚的固定床两步法和国内自主开发的固定床“一步法”(冯玉虎,2013)。

2006年赛鼎工程有限公司、中国科学院山西煤炭化学研究所和云南解化集团采用自主开发的“固定床绝热反应器一步法甲醇转化制汽油新工艺”在云南解化建设了一套能力为年产3500t汽油的工艺试验装置,于2007年一次投料试车成功,装置运行稳定,完全达到了设计指标,获得了合格汽油。2006年晋煤集团采用美国美孚公司的固定床甲醇制汽油技术合成汽油,建设10万t装置,该装置由赛鼎工程有限公司设计,2006年9月项目正式开工,2009年6月实现装置一次开车成功,生产出合格煤基合成油，目前该项目运行基本稳定，2012年晋煤集团又开工建设50万t的甲醇制汽油项目。目前利用该技术的多个项目已顺利投产。

3.2.2.2 煤制化学品产业技术

（1）煤制烯烃技术

煤基烯烃发展的实质是甲醇制烯烃技术的发展。目前比较成功的技术主要包括中国科学院大连化学物理所的DMTO技术、UOP/HYDRO公司的MTO/OCP技术、德国鲁奇公司的甲醇制丙烯（MTP）、中国石化集团公司开发的SMTO技术及中国化学工程集团公司与清华大学和安徽淮化集团有限公司共同开发具有自主知识产权的FMTP技术（郝西维等，2011）。虽然MTO技术很早就得到了工业验证，但是真正以煤为原料生产烯烃的整套工业化装置在国外还未实现。

煤基烯烃在中国发展迅速主要得益于石油价格的不断高涨给煤作为原料所带来的可观利润空间，此外中国石油对外依存度高也从战略的高度对煤基烯烃的快速发展产生了推动作用。到目前为止，中国在煤基烯烃的工业化示范阶段已经取得了非常可喜的成就，已经有4套工业示范装置进入或者正在进入稳定的商业运营阶段，分别为神华包头60万t的MTO项目（DMTO技术）、神华宁煤的52万t的MTP项目（鲁奇MTP技术）、大唐国际多伦46万t的MTP项目（鲁奇MTP技术）以及中原石化20万t的MTO项目（SMTO技术），它们年产能总和相当于替代392万t的原油当量，标志着中国在煤制烯烃技术领域处于世界领先水平。2011年在DMTO技术基础上进一步成功开发DMTO-II技术，烯烃产量提高10%以上。清华大学与中国化学工程集团公司合作成功开发的FMTP技术，在淮化集团进行了甲醇进料100t/d的工业试验，为该技术大型工业化示范奠定了基础。

（2）煤制乙二醇技术

根据中国石油化工集团公司经济技术研究院公布的数据（安福，

2010)，2010年国内环氧乙烷/乙二醇（EO/EG）行业内共有13家15套装置，乙二醇生产能力为355.9万t，产量257.5万t，全行业装置负荷为97%，装置开工率为95%。产能除通辽20万t项目为煤制乙二醇外，其余为引进的乙烯法环氧乙烷/乙二醇联合装置，且主要集中在中石化(237.8万t)、中石油（46万t)、中海油（32万t）和辽宁北方化学工业公司（20万t)。

由中国科学院福建物构所和金煤公司共同开发的合成气制乙二醇技术，2009年开始在通辽建设20万t的工业示范项目，并于12月7日试车成功，打通了全套工艺流程，生产出合格的乙二醇产品（周张锋等，2010)。华东理工大学、上海浦景化工技术公司开发的合成气制乙二醇技术，在淮南化工集团公司进行了每年1000t的工业试验，并通过了考核鉴定。天津大学与贵州鑫晨煤化工（集团）有限公司合作建设的500t合成气（黄磷尾气）经草酸酯加氢制乙二醇中试装置于2013年年底通过了中国石油和化学工业联合会组织的72h现场考核。2012年10月上海交通大学与山东久泰能源集团合作开发的“2000t煤制乙二醇中试研究”项目通过了国家能源局组织专家进行的科技成果鉴定。

(3) 煤制芳烃技术

煤制芳烃主要包括煤基合成气一步法制芳烃和合成气经甲醇制芳烃两条路线，甲醇制芳烃技术进展较快。2012年，由东华科技总承包，华电集团与清华大学合作在榆林建成万吨级甲醇制芳烃（FMTA）工业试验装置，2013年1月一次投料试车成功，并进行了现场考核，甲醇进料最大达90t/d，各项指标达到设计要求，已通过成果鉴定，为大型煤制芳烃工业化示范奠定了良好基础。按项目规划，华电集团将在此基础上启动300万t煤基甲醇制100万t芳烃项目（颜新华等，2013）。除此之外，中国科学院山西煤化所与赛鼎工程有限公司正在合作研发固定床甲醇制芳烃技术。

3.2.2.3　煤制气体燃料产业技术

美国大平原合成燃料厂是全球唯一的商业化规模生产天然气的煤气化厂（U. S. Department of Energy，2006）。其主要采用鲁奇碎煤加压煤气化工艺和鲁奇合成气甲烷化工艺把褐煤转化成宝贵的气体和液体产品。该合成燃料厂年均生产16亿 Nm^3 天然气，其中大部分用管道输送到美国东部分配。

随着中国天然气需求缺口的不断增加以及新疆、内蒙古煤炭资源的大量开发，加之贯通新疆到中东部天然气输送的管道已具备一定的输送条件，这些都为中国煤制天然气产业发展奠定了良好基础。2012年7月，大唐克旗40亿 Nm^3 煤制天然气一期工程顺利投入运行，成为国内第一套投入运行的煤制天然气示范装置（漆萍，2012）。目前该技术的催化剂和甲烷化反应器等从国外引进，国内自主研发的催化剂和反应器已经具备了工业化示范的条件。

3.3　小结

中国煤化工在中国及世界占有重要地位。传统煤化工产业规模较大，目前中国合成氨、甲醇、电石和焦炭产量均居世界首位，对世界煤化工产业、技术有举足轻重的影响。“十一五”以来，在中国“富煤缺油”背景的现实考量下，加快了“煤替油”等现代煤化工的步伐，取得了举世瞩目的成绩：建成了1套百万吨级的煤直接液化装置、3套16万~18万t的煤间接液化装置、4套大型煤制烯烃装置，以及1套20万t的煤制乙二醇装置。此外，1个40亿 Nm^3 煤制天然气项目的一期工程运行成功，还开工建设了40亿 Nm^3、55亿 Nm^3 和16亿 Nm^3 的煤制天然气项目，取得了阶段性成果。从总体技术水平而言，中国传统煤化工技术和设备与世界先进水平相比依然有明显差距，随着现代煤化工的迅速崛起，国内自主研发的新技术不断取得成功，有些技术已处于国际领先地位。

第4章　中国煤炭转化产业发展趋势

近20年中国经济一直保持快速平稳的发展势头，能源供应与经济发展的矛盾日益突出，能源安全已经成为国家可持续发展最突出的问题之一，而现代煤化工产业的快速发展对于缓解石油、天然气等能源的供求矛盾，调整能源结构具有现实意义。由于石油价格长期高位运行，煤炭作为成本相对低廉的工业原料正在体现出较大的成本优势，特别是随着煤制液体燃料和煤制烯烃、乙二醇等现代煤化工技术的逐步突破，使得由廉价原料生产高附加值产品变为现实，成为企业发展现代煤化工的重要推手。此外，煤化工下游产品的产业链不断延伸给地方带来明显的经济效益和社会效益，成为地方政府发展煤化工的推动力。总之，无论从国家能源战略的需求，还是从地方发展经济的渴望，现代煤化工的成功示范都激发了各地发展煤化工的热潮。本书通过分析调研数据，对中国煤炭化学转化产业的发展趋势进行了深度剖析。

4.1　中国煤化工的区域发展趋势

在多种因素的综合驱动下，中国煤化工行业表现出前所未有的发展势头。为了能够清晰描述全国煤化工的发展势头，本书将运行项目、在建项目和规划项目（统计到2011年年底）的煤耗之和作为未来发展势头的重要指标，并与现状进行比较。

从2005年开始，中国逐步完成了14个大型煤炭生产基地的建设，分别是：神东基地、晋北基地、晋中基地、晋东基地、蒙东（东北）基地、云贵基地、河南基地、鲁西基地、两淮基地、黄陇基地、冀中基地、宁东基地、陕北基地和新疆基地。它们的功能定位大致是：神东基地、晋北基地、晋中基地、晋东基地、陕北基地主要承担向华东、华北、东北供给煤炭，并作为“西电东送”北通道的电煤基地；宁东基地、黄陇基地承担向西北、华东、中南供给煤炭；蒙东（东北）基地承担向东三省和内蒙古东部供给煤炭；冀中基地、河南基地、鲁西基地、两淮基地承担向京津冀、中南、华东供给煤炭；云贵基地承担向西南、中南供给煤炭，并作为“西电东送”南通道的电煤基地；新疆基地作为全国能源大后方，虽远离中东部能源消费区，但其资源量巨大，随着西部大开发的逐步推进，新疆煤炭的开发和利用正在受到广泛关注。2010 年，14 个基地产煤量占全国 87%，《煤炭工业“十二五”发展规划》提出了“十二五”末期煤炭基地产量占全国 90% 以上的目标。

国家政策鼓励煤炭就地高效转化，严格限制煤炭净调入区发展煤化工，因此，14 个基地所在的当地政府都依托煤炭资源丰富的优势提出了各自的煤化工发展规划。由于煤化工产业集中分布于煤炭资源丰富的地区，分析各煤炭基地的煤化工发展趋势能够科学预测全国煤化工未来的发展趋势。

图 4-1 标注了各基地煤化工项目未来的耗煤量与现状的对比，所有基地在未来都有新的煤化工规划项目，煤化工用煤都显著增加；西部地区的规划发展规模远远高于东部地区，符合煤炭资源分布的特点；新疆基地规划项目的耗煤量最大，新疆基地远离消费区，就地转化的优势比较明显，煤化工项目的规划也非常宏伟；陕北基地、神东基地和宁东基地地域毗邻，三者的规划项目耗煤之和比其他所有基地的规划项目耗煤量总和还高（不包括新疆基地）；接着是中部的晋东基地和河南基地；蒙东（东北）基地、云贵基地的煤化工耗煤总量不大，但增幅显著。

神东基地、宁东基地和陕北基地、黄陇基地分别是以内蒙古鄂尔多斯、宁夏东部区域、陕西榆林地区为核心全国罕见的能源富集区，已探明的化石能源储量达 20 000 亿 tce，约占全国已探明储量的 47. 2%（张蕾，2010）。此外，还有丰富的天然气和盐资源，被称为中国能源“金三角”。

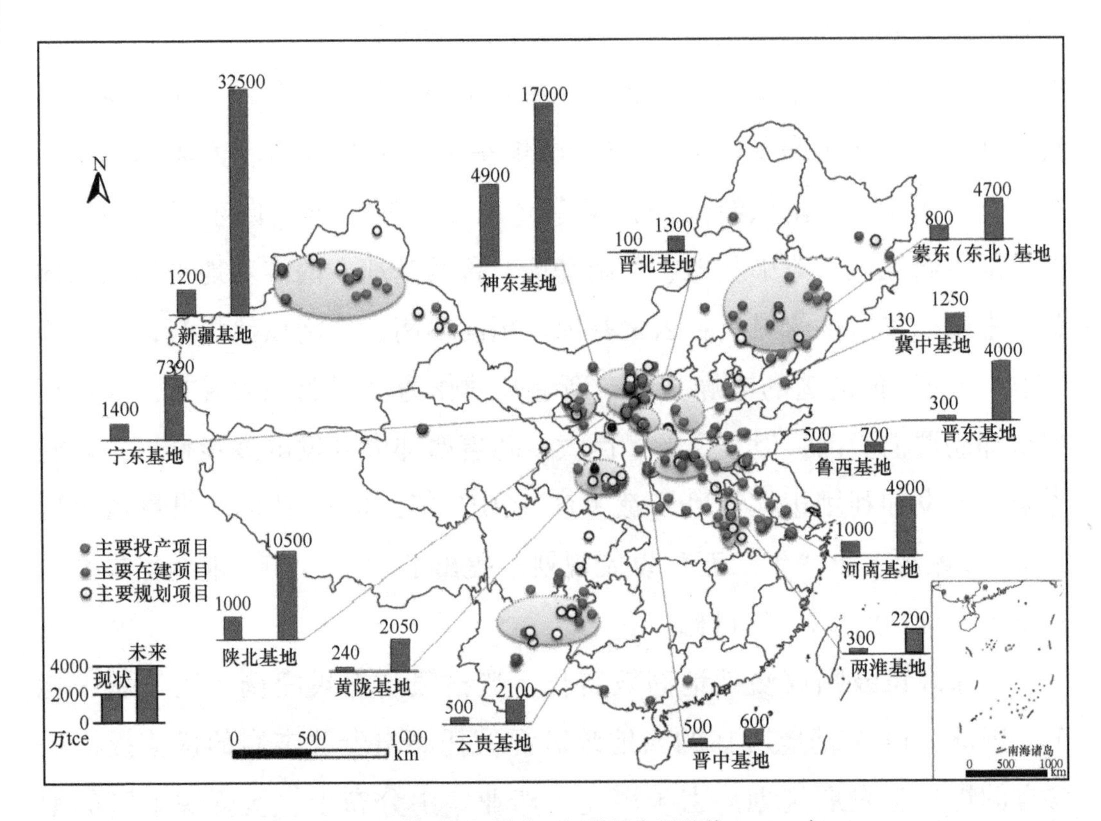

图 4-1　中国煤炭基地煤化工耗煤量发展趋势（2011 年）

注：现状为运行项目的煤耗量，未来是运行、在建和规划项目的煤耗之和（现状和未来中均不含焦化项目）。

总体而言，14 个煤炭基地发展煤化工的势头高涨，假设规划项目将来全部付诸实施，全国的煤化工的耗煤总量将从当前的 1.8 亿 t 上升至 11.1 亿 t（不包括焦炭耗煤量）。下面以具有代表性的煤炭基地为重点阐述中国煤化工的区域发展趋势。

4.1.1　神东煤炭基地煤化工发展趋势

神东煤炭基地煤化工的发展是中国近年煤化工发展的缩影。神东基地是神华集团的煤炭主产区，也是神华集团化工板块的主要基地。神华集团百万吨煤直接液化示范工厂、神华集团60 万 t 煤制烯烃示范工厂、两个间接液化制油的示范厂（分别属于神华和伊泰）均坐落于此，是中国现代煤化工的前沿阵地。除此以外，主要的煤化工产业为半焦和煤制甲醇。各种规划显示该基地未来在煤制天然气、煤制烯烃、煤制油、煤制二甲醚等方面有强烈的发展愿景（图4-2），利用当地长焰煤发展中低温干馏也是神东基地的主要规划内容，此外还有少量的煤制芳烃、煤制甲醇，最终将可能形成约350万t烯烃、400万t二甲醚、140亿Nm^3天然气和750万t煤制油的现代煤化工大型基地，其耗煤总量可能达到1.7亿t。

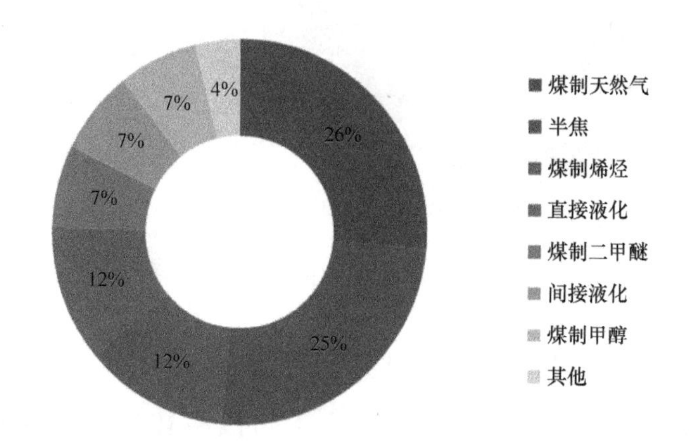

图4-2　神东煤炭基地未来煤化工产品耗煤比例（假设在建项目和规划项目均投产）

4.1.2　宁东煤炭基地煤化工发展趋势

宁东煤炭基地内已建成以煤制甲醇、煤制丙烯（神华宁煤50万t煤制丙烯项目）、煤制二甲醚、煤基合成氨和半焦为主要产品的煤化工基地，煤化工产业年耗煤量约1400万t。该基地未来重点规划发展煤制油（如神华宁煤400万t间接液化项目）、煤制天然气、煤制甲醇、煤制烯烃、煤制二甲醚等产业（图4-3），同时利用当地半焦资源发展电石及其深加工。依照规划估算，未来宁东煤炭基地煤化工的耗煤总量将达到8000万t以上，其中包括了600万t煤炭间接液化、100万t丙烯、125万t煤制二甲醚和470万t甲醇的项目规划。

4.1.3　陕北煤炭基地煤化工发展趋势

陕北煤炭基地煤化工产品中半焦产量较大，生产半焦的煤耗量约占基地总煤耗的50%，除此之外，已投产的有神木化工60万t甲醇、50万t低温焦油加氢和兖矿榆林能化60万t甲醇等煤化工项目。正在建设的有延

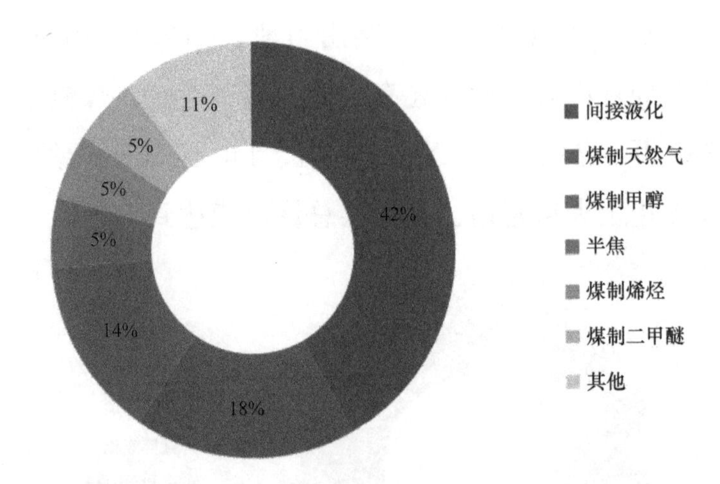

图 4-3 宁东煤炭基地未来煤化工产品耗煤比例（假设在建项目和规划项目均投产）

长靖边 150 万 t 甲醇项目、120 万 t 烯烃项目，榆天化 140 万 t 甲醇项目，延长 40 万 t 醋酸项目，兖矿榆林 100 万 t 间接液化项目和华电集团榆林 3 万 t 甲醇制芳烃项目等；规划中的重大项目有神华陶氏煤、化、电、热一体化工项目（甲醇400 万 t、烯烃 151 万 t 及精细化工 230 万 t），建成后将是世界上最大的煤化工项目。数据显示，该基地规划建设将以煤制烯烃、煤制油（如兖矿 500 万 t 间接液化项目）、煤制甲醇、煤制芳烃为主线，半焦生产以及低温煤焦油加工也将是未来发展的方向（图 4-4），估算未来陕北基地煤化工产业的耗煤总量将突破 1 亿 t。

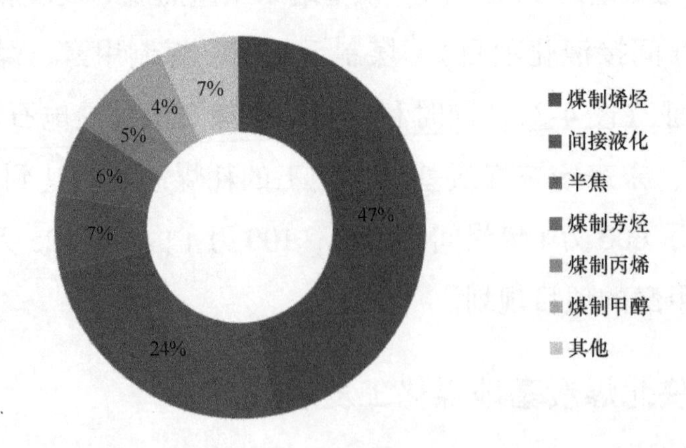

图 4-4 陕北煤炭基地未来煤化工产品耗煤比例（假设在建项目和规划项目均投产）

黄陇基地处于新疆基地与东部消费区的中间地带，在“金三角”地区中最小，煤化工产品以合成氨和甲醇为主，但总量较小，煤化工耗煤量不到300万t；规划扩大甲醇产能，新增煤制丙烯、煤制二甲醚和煤制乙二醇项目，预计未来煤化工用煤量将增加约2100万t。

“金三角”内基地互相毗邻，拥有共同的水源和环境容量，地区生态环境较为脆弱，且区域内地质构造和资源赋存特性等多方面都比较相似，按照发展规划，未来“金三角”地区用于煤化工的煤炭将由7500万t增长到3.8亿t左右，势必对当地的生态、环境和资源构成一定的挑战，而且所规划的煤化工产品同质化严重，势必形成区域局部的激烈竞争，因此应该从全局考虑，做好整个能源“金三角”的总体规划。

4.1.4　新疆煤炭基地煤化工发展趋势

新疆煤炭基地地处中国西北内陆，远离东部煤炭消费区，超长的能源输送距离使得新疆的煤炭资源无法有效发挥价值，新的发展规划必须从当地的实际情况出发，将煤转化为高附加值且便于运输的产品向东部输送，如煤制油和煤制气产品可用管道输送，大大降低运输成本。目前，新疆基地煤转化以焦化和合成氨为主，在2011年发布的《新疆“十二五”规划纲要》中显示该基地准备加速现代煤化工的发展步伐，共规划了多达36个大型煤化工项目，其中包括：煤制天然气项目20个、煤制化肥项目4个、煤制烯烃项目6个、煤基多联产项目3个、乙二醇等其他项目3个。这批项目的建设将使新疆步入煤炭生产和煤电、煤化工产业快速发展的通道。该基地规划建设将以煤制天然气、煤制油、煤制烯烃为主要发展方向(图4-5)。未来将建成煤制天然气900亿Nm^3、煤制油1000万t、煤制烯烃150万t、煤制二甲醚80万t的产业规模，基地内煤化工行业用煤总量将接近3.8亿t。

4.1.5　山西煤炭产区煤化工发展趋势

山西是传统煤炭大省，共包括晋北煤炭基地、晋中煤炭基地和晋东煤炭基地，从山西南部到山西北部煤炭资源差别非常明显，三个煤炭基地的煤化工产业的结构相差很大。晋中煤炭基地包括山西中部到南部的主要产

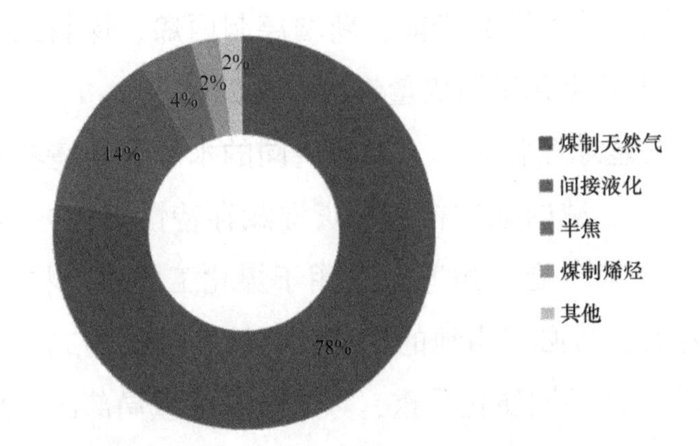

图 4-5 新疆煤炭基地未来煤化工产品耗煤比例（假设在建项目和规划项目均投产）

煤区，是炼焦煤的主要产区，也是全国焦化产业最集中的地区，其次是煤制甲醇，该基地规划建成 20 万 t 煤基丙烯项目、60 万 t 煤基烯烃项目和 10 万 t 醋酐等项目，新增煤化工项目引起的煤耗增加并不显著；晋北煤炭基地是传统的国家动力煤基地，用于化学转化的空间也不显著；晋东煤炭基地是著名的无烟煤产区，为煤化工的发展提供了充足的气化用煤原料，基地内已建成 135 万 t 甲醇项目、200 万 t 合成氨项目、10 万 t 甲醇制汽油示范项目和 16 万 t 间接液化示范项目，现代煤化工规模较小。晋东煤炭基地规划将以煤制油、煤经甲醇制汽油、煤制甲醇和煤制二甲醚为重点发展方向（图 4-6），未来可能形成 520 万 t 间接液化、110 万 t 甲醇制汽油、110 万 t 二甲醚和 30 万 t 乙二醇等现代煤化工产业，基地内煤化工行业耗煤总量将突破 4000 万 t。“十二五”期间山西将努力建设一批传统特色型、科技创新型、绿色环保型工业园区和示范基地。实现现代煤化工产业产值占全省化工产值的比例达 80% 以上，形成以“苯、油、烯、气、醇”为主体的现代煤化工产业链。煤炭的化工转化率由目前的 2.2% 提高到 10% 以上，实现全省煤化工产业的跨越式发展。

4.1.6 蒙东（东北）煤炭基地煤化工发展趋势

蒙东（东北）煤炭基地煤炭资源相对丰富，该基地煤炭以褐煤为主，特别适合进行煤炭深加工、就地转化，是很好的气化和分质多联产原料。

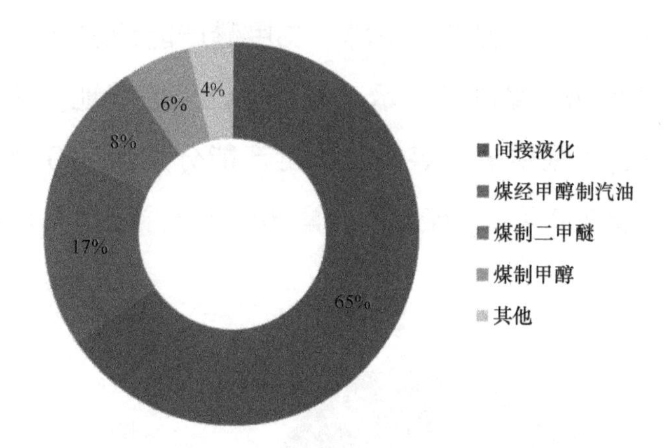

图 4-6 晋东煤炭基地未来煤化工产品耗煤比例（假设在建项目和规划项目均投产）

当地水资源相对丰富，为煤化工的发展提供了有利条件。蒙东煤炭基地煤化工产业以煤制甲醇、煤制丙烯、煤制醋酸和煤基合成氨为主，基地内现有 46 万 t 煤制丙烯、20 万 t 煤制乙二醇以及 40 亿 Nm^3 煤制天然气一期工程等现代煤化工示范项目，未来规划将重点发展煤制天然气、煤制烯烃、煤制乙二醇等大型现代煤化工产业（图 4-7），规划项目有 140 万 t 烯烃、1000 万 t 褐煤提质、310 万 t 煤制二甲醚、120 万 t 煤制乙二醇和 100 万 t 焦油加氢项目，煤化工用煤将增长到 4700 万 t。

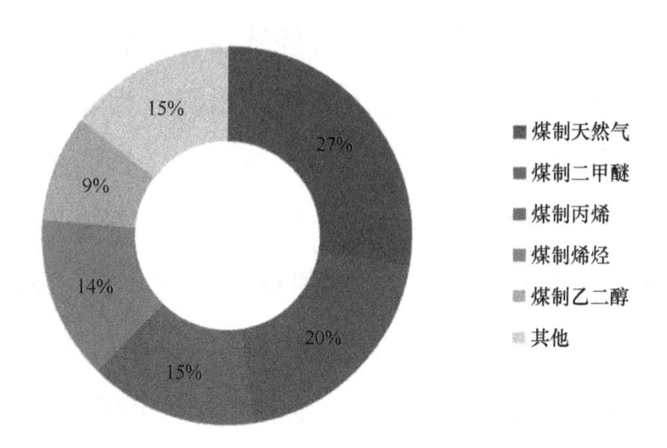

图 4-7 蒙东（东北）煤炭基地未来煤化工产品耗煤比例（假设在建项目和规划项目均投产）

4.1.7 河南煤炭基地煤化工发展趋势

河南煤炭基地紧邻晋东煤炭基地，拥有丰富的煤炭资源。该基地是中国中部地区重要的煤化工省份，甲醇、二甲醚产能约占到全国的15%，中石化自主研发的20万t煤制烯烃示范项目也位于该基地。该煤炭基地未来规划将进一步提高煤制甲醇、煤制二甲醚产能分别至500万t和250万t，发展煤制烯烃产能250万t、煤制乙二醇300万t，煤化工行业总煤耗接近5000万t（图4-8）。

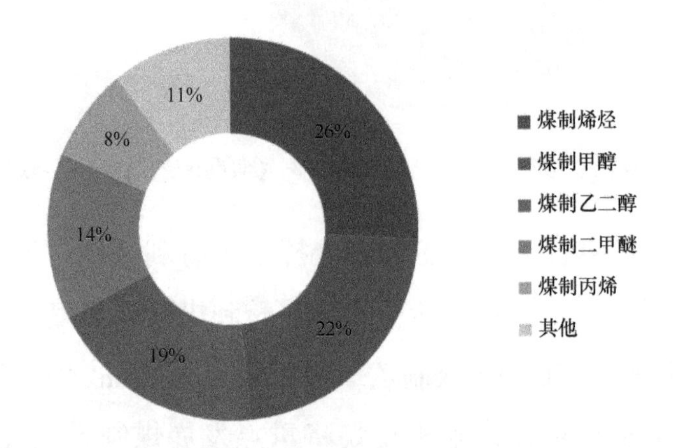

图4-8 河南煤炭基地未来煤化工产品耗煤比例（假设在建项目和规划项目均投产）

4.1.8 云贵煤炭基地煤化工发展趋势

云贵煤炭基地地处中国西南区域，经济相对落后。基地内的煤炭多以褐煤为主，煤质品位较低，当地相对丰富的水资源为煤炭深加工创造了有利条件。基地内煤化工产业基础较弱，产品以合成氨为主，甲醇产量不及100万t，行业总耗煤量约500万t。未来将以煤制烯烃、煤制合成氨、煤制甲醇以及由煤经甲醇制汽油等为发展重点（图4-9），将新增煤制合成氨产能80万t、煤制甲醇60万t、煤制二甲醚30万t、煤制甲醇制汽油20万t和煤制烯烃160万t，未来煤化工行业年用煤量在2100万t左右。

4.1.9 其他煤炭基地煤化工发展趋势

河北的冀中煤炭基地、山东的鲁西煤炭基地以及安徽的两淮煤炭基地是老煤炭生产基地，面临资源枯竭、煤炭开采难度增大、区域内煤炭资源的供需矛盾突出等问题，煤化工发展潜力受限。

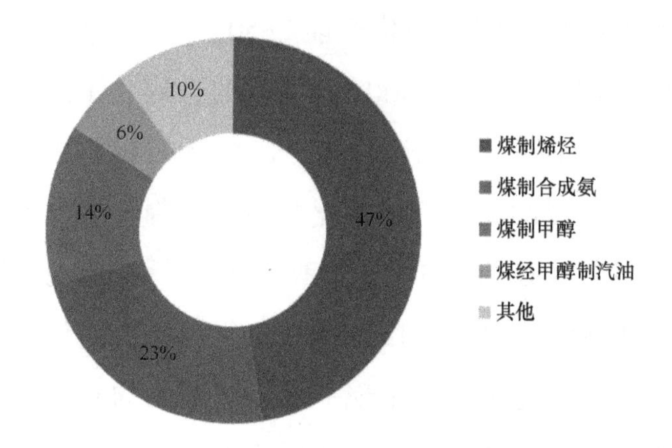

图4-9　云贵煤炭基地未来煤化工产品耗煤比例（假设在建项目和规划项目均投产）

冀中煤炭基地煤化工比例较小，只有少量的甲醇、合成氨及醋酸项目。未来规划中包括50万t甲醇、100万t二甲醚和100万t烯烃等项目。鲁西煤炭基地的煤化工项目主要以煤制合成氨、煤制甲醇、醋酸和醋酐为主，未来其在煤化工方面的规划规模有限。两淮煤炭基地的煤化工主要包括煤制合成氨、煤制甲醇和煤制醋酸等项目，规划发展现代煤化工的重点在煤制烯烃、煤制二甲醚和煤制甲醇及下游产品，未来可能新增100万t煤制丙烯、100万t煤制二甲醚和150万t煤制甲醇及深加工项目。三个煤炭基地未来规划煤化工项目新增用煤总量约3200万t。

4.2　中国煤化工产业发展趋势

4.2.1　现代煤化工为主导的发展趋势

综上所述，目前中国煤化工产品主要是焦炭、半焦、合成氨、甲醇和电石，它们的总耗煤量占整个行业耗煤量的96.1%。以煤制油、煤制烯烃、煤制天然气为代表的现代煤化工已经开始起步，并在全国范围内有宏伟的规划。如果在建和规划的项目全部投产，未来煤制天然气总产能将达1190亿Nm^3，煤制烯烃总产能达2700万t（coal to olefin，CTO产能1900万t；coal to propylene，CTP产能800万t），煤制油总产能达3350万t

(直接液化产能 500 万 t、间接液化产能 2850 万 t)，煤制乙二醇总产能达 715 万 t，煤制二甲醚总产能达 2400 万 t。届时，煤化工产品的耗煤结构将发生显著变化（图 4-10），传统煤化工产品的耗煤量将下降至 57% 左右，而现代煤化工产品（煤制油品、煤制化学品、煤制天然气等，醋酸、醋酐也计入内）耗煤量将从目前的 3.9% 提高至 43%，未来现代煤化工耗煤总量将从目前的约 2700 万 t 上升到约 8.1 亿 t。因此，预计 2010～2030 年，中国在有条件的地区煤化工将会出现一个快速发展的时期，最终形成传统煤化工与现代煤化工并存的局面，现代煤化工逐渐成为中国当今煤化工发展新的趋势。

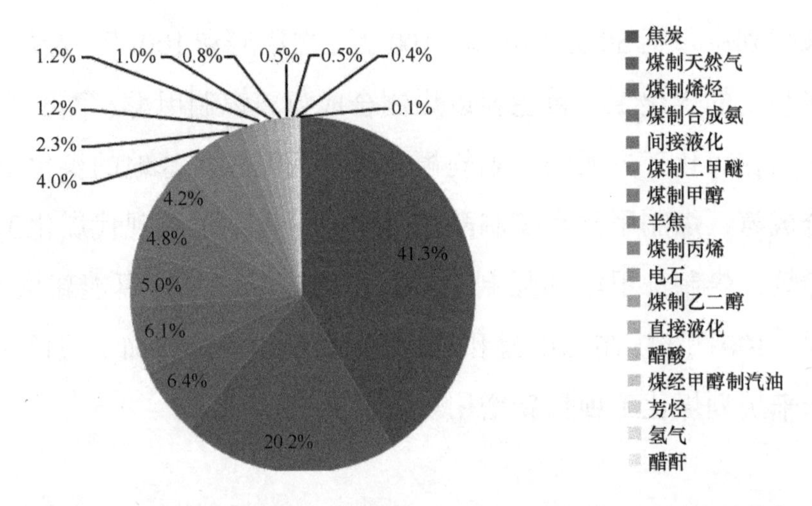

图 4-10　中国未来煤化工产品的耗煤结构（假设在建项目和规划项目均投产）

现代煤化工的特点以生产燃油、烯烃、乙二醇和芳烃为主，传统上它们都属于以石油为原料的制品。随着中国经济的稳步快速发展，对石油的需求不断增加，但是中国石油可采储量有限，因此发展以煤替油的煤化工成为一种战略的必然选择，煤炭价格低廉以及“煤替油”工业技术的突破，为现代煤化工的发展奠定了良好的基础，这种趋势将在未来保持相当长的时间。随着人民对生活质量要求的提高、环境保护和国际碳减排压力的增加，中国天然气的需求也在迅速增长，因此发展煤制天然气符合中国的战略需求，尤其对于新疆和内蒙古的能源外输、劣质煤炭的利用更具有吸引力。现代煤化工产品可分为煤基气体燃料、煤基液体燃料和煤基化学品，三类产品用途迥然，都具广阔的发展潜力。

4.2.2 煤基气体燃料的技术路线与发展潜力

中国天然气主要消费于城市燃气、化工、工业燃料和发电领域，其中城市燃气消费所占比例最大，而且增长最快，在天然气消费结构中的比例不断增加，导致国内天然气供需缺口逐渐增大。伴随中国经济发展和居民生活水平的显著提高，中国近年来天然气消费呈现爆发式增长，保持着两位数的年均增长率。国家发改委数据显示，2012 年国内天然气表观消费量 1471 亿 Nm^3，同比增长接近 13%，对外依存度 26.8%。预计到 2015 年，全国对天然气的需求量将达到2500 亿 Nm^3。

面对逐年增大的天然气缺口，中国主要采取加强天然气（包括煤层气、致密气、页岩气）的勘探与生产，海上液化天然气（LNG）进口和陆上管道天然气进口的方式解决，但依然无法从根本上平衡供需矛盾。中国煤炭资源相对丰富，采用日臻完善的煤制天然气技术，发展煤制天然气产业可以弥补市场供应的不足，同时可降低天然气对外依存度，对保障国家天然气供应的安全具有重要意义。2010 年，中国的天然气用量在一次能源中的比例约4%，2012 年该比例已上升至5.5%，远低于全球24%的平均水平（加璐等，2012）；《天然气发展“十二五”规划》提出，“十二五”末期，该比例将上升为7.5%，因此发展煤制天然气产业潜力巨大。

2009~2010 年，国家陆续批准了4 个煤制天然气项目。大唐克旗项目一期工程已运行。综合调研显示全国煤制天然气规划宏大，未来总产能可能达 1190 亿 Nm^3，集中分布在新疆（77%）、内蒙古（12%）、山西（3%）和辽宁（3%）等地。在新疆基地和蒙东基地建设煤制天然气产业基地，依托“西气东输”工程和进口中亚天然气管线工程将煤制天然气输往主干市场，可以缓解煤炭资源运输能力有限的突出矛盾。各种煤制天然气的技术路线基本相似，以煤气化为起始，经过甲烷化得到天然气产品，将煤转化为便于输送的清洁燃料是合理可行的。未来影响国内煤制天然气产业的主要因素包括技术、新鲜水用量、CO_2 排放、天然气定价机制、天然气运输通道、非常规天然气的开发利用，以及国家对煤制天然气产业的政策等。

4.2.3 煤基液体燃料的技术路线与发展潜力

液体燃料指用于交通工具的液体动力燃料（汽油和柴油等），主要来源于石油。中国汽车市场已进入较快发展时期，物流业的迅速发展和私家车的急剧增长，造成国内交通运输用油需求不断增加。但是，中国石油产量多年来一直维持在2亿t，对国内产油的依存度接近60%，面对国际石油供需日趋紧张的大趋势，仅依靠石油恐无法满足国内日益增长的需求。因此，国家一方面调整国内产业结构、深化经济转型力度、提高石油利用效率开展“节流”，另一方面科学规划、适度发展煤制油工程实施“开源”。在中国，以煤为原料生产液体燃料的技术路线主要有四条，分别是煤直接液化路线、煤间接液化路线、煤经甲醇制汽油路线、煤经中低温热解焦油加氢路线。此外，醇醚直接掺烧也将是煤基液体燃料的一种补充形式。

（1）煤直接液化

国内煤直接液化技术处于工业示范阶段，由于其技术难度大、投资风险高，国家严格限制此项目的准入资格，只有神华集团一家企业在示范此技术，神华集团的煤直接液化一期年产108万t油品的示范项目到目前为止运行顺利，如果未来二期和三期能够投产，将形成500万t的规模。但由于直接液化工艺决定液化产品的品质较低，难以达到国家高标号油品的质量要求（周颖和李晋平，2011），因此直接液化技术目前的关键是能否开发出提高油品质量的经济合理的新技术。

（2）煤间接液化

中国有三家企业已经成功示范了共50万t规模的间接液化技术，这些示范工程目前正在朝着“安，稳，平，满”目标靠近。该技术在技术难度上低于直接液化，产品品质高，是实现大规模煤制油的可靠技术路线。调研结果显示市场煤间接液化发展意愿强烈，未来规模可能达到 2850 万 t，项目产能将主要分布在新疆（35%）、宁夏（21%）、山西（18%）、陕西（18%）和内蒙古（8%），预计到 2020 年左右，中国将基本建成煤间接液化产业，并在国内发动机燃料供应和替代石油化工品方面发挥重要作用。

（3）煤经甲醇制汽油

甲醇制汽油的成功，为煤制油提供了另一条可选技术路线，一方面为中国甲醇产量过剩找到了出路；另一方面，也对降低中国石油对外依存度产生积极影响。截至 2013 年年底，国内有 3 个项目处于工业化示范阶段，分别是山西晋煤集团的 10 万 t 项目、内蒙古庆华集团的 20 万 t 项目和新疆新业能源化工有限责任公司的 10 万 t 项目。调研显示未来该技术路径产能规模可能达到 150 万 t，主要分布在山西（73%）。前文对产业工业生产参数的分析显示该技术以煤为起始原料的工业生产参数不够理想，但以焦炉煤气为原料会得到很大的改善。

（4）煤经中低温热解焦油加氢

中国有一半变质程度低的煤炭可以通过热解的方式先获得一定量的煤焦油，因此通过中低温煤焦油加氢获得液体燃料的路线在这些煤炭生产基地格外有吸引力。随着陕煤化集团天元化工厂 50 万 t 中低温煤焦油深加工项目的成功，在陕北等长焰煤蕴藏丰富的地区正在涌现出越来越多的规划。由于中国低阶煤矿藏丰富，这种技术路线可能会成为煤制油的有力补充。未来可能形成年处理量千万吨级的规模，主要集中在陕西（61%）、内蒙古（12%）和山西（7%）。

（5）醇醚燃料

甲醇汽油是醇醚燃料最重要的形式，出于能源替代的目的，德国、日本、美国等先后从车用甲醇燃料生产、运输和加注及甲醇发动机、甲醇汽车、配套技术等多个方面进行了研究，先后开发了低比例甲醇掺烧（$M_3 \sim M_{15}$）、高比例甲醇燃料（主要是 M_{85}）、灵活燃料甲醇汽车等（Reed and Lerner，1973）。早在“六五”时期，中国在山西就已开始 $M_5 \sim M_{15}$ 甲醇汽油的试验研究（李忠和谢克昌，2011）。2009 年年底，《车用燃料甲醇》和《车用甲醇汽油（M85）》两项国家标准开始正式实施。2010 年 12 月，工信部对甲醇替代燃料作出重要批示，决定在上海、陕西和山西开展高比例甲醇汽油试点推广。

随着醇醚燃料相关国家标准的出台，甲醇燃料示范规划的成熟及推广工作的进行，未来甲醇燃料的消费量将显著增加（吴域琦和冯向法，2007）。根据中国汽车工业发展趋势预测，预计在今后 5 年内汽油消费递增保持在 5% 左右。如果全国 40% 范围内推广 M_{15} 甲醇汽油，其甲醇消费量将达到 300 万 t 左右。另外，$M_{85} \sim M_{100}$ 甲醇汽油发动机及汽车的开发工作也在推进，并安排在山西、陕西、上海进行试点，如果示范应用成功，5 年后将推广达到全国 2% 左右的应用范围，其甲醇年消费量也将超过 100 万 t。二甲醚是柴油的良好替代产品，随着二甲醚车用技术的进一步成熟，二甲醚替代柴油的市场潜力巨大。据全国醇醚燃料及醇醚清洁汽车专业委员会发布的行业发展指南预测，到“十二五”末，中国甲醇汽油将达到 1200 万 t，未来醇醚燃料市场前景非常看好。

4.2.4 煤基化学品的技术路线与发展潜力

4.2.4.1 煤制烯烃

低碳烯烃（乙烯和丙烯）是最基本的化工原料，在现代石油和化学工业中有举足轻重的作用。低碳烯烃不仅能生产基本有机化工产品，也是合成树脂、合成橡胶和合成纤维的最主要原料。在塑料产业中，五大通用塑料均可通过低碳烯烃来合成：乙烯及丙烯可以直接聚合为聚乙烯（PE）及聚丙烯（PP），也可作原料生产聚氯乙烯（PVC）、聚苯乙烯（PS）及 ABS

塑料。其用途广泛，对国家建设和国计民生影响重大。随着经济的发展，中国近10年的乙烯消费逐渐攀升，2012年全国乙烯当量消费3218万t，但其产能仅为1500万t，产量约1487万t，乙烯自给率长期在50%以下（表4-1）。2012年全国丙烯当量消费2200万t，但其产量仅为1593万t，丙烯自给率为72%左右。若以当量需求计算，仍有50%以上的乙烯及30%以上的丙烯需要从国外进口。中国几乎全部的乙烯和丙烯来自于石油加工行业，因此中国石油的短缺为煤制烯烃提供了机遇和广阔空间。

表4-1　中国乙烯产量、当量消费量、供需缺口与自给率

年份	产量/万t	当量消费量/万t	供需缺口/万t	自给率/%
2000	470	1064	594	44.2
2001	481	1084	603	44.4
2002	541	1422	881	38.0
2003	612	1613	1001	37.9
2004	627	1810	1183	34.6
2005	770	1842	1072	41.8
2006	941	1986	1045	47.4
2007	957	2141	1184	44.7
2008	1026	2431	1405	42.2
2009	1070	2400	1330	44.6
2010	1419	2960	1541	47.9
2011	1527	3130	1603	48.8
2012	1487	3218	1731	46.2

煤制烯烃包括两条技术路线，一条是可同时得到乙烯和丙烯的CTO路线，另一条是只得到丙烯的CTP路线。目前，全国有两个CTO项目投产，产能达到80万t。神华集团包头项目产能60万t，中原石化公司的河南濮阳项目产能20万t。目前全国已建成、在建和拟建的CTO项目多达30余个，未来产能将可能达到1900万t，主要分布在陕西（41.1%）、内蒙古（18.6%）、河南（10.5%）和新疆（7.6%）等省（自治区）（图4-11），发展潜力很大。

2011年，全国有两个CTP项目投产，产能达到98万t。神华集团宁

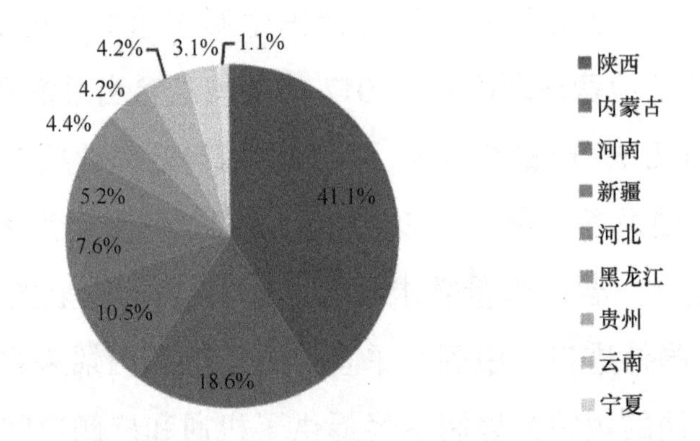

图 4-11　中国煤制烯烃产业未来地域分布（包括已建、在建和规划项目）

东项目产能 52 万 t；大唐集团内蒙古多伦项目产能 46 万 t。CTP 规划项目共约 12 个，未来可能形成 800 万 t 的总产能，主要分布在陕西（29. 1%）和安徽（14. 7%），其余大致平均分布在甘肃、河南、辽宁、山西、宁夏、新疆、内蒙古等省（自治区），如图 4-12 所示。

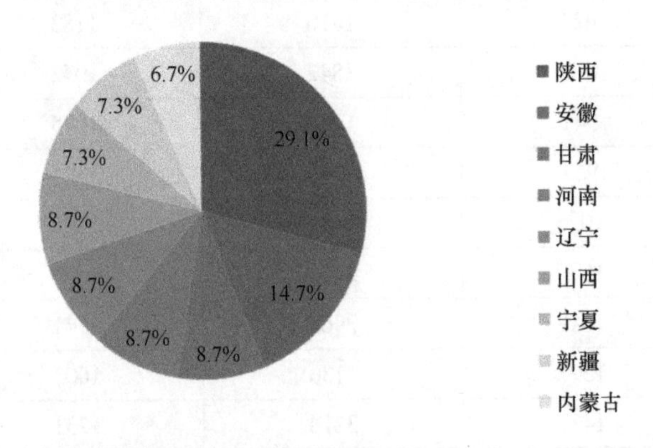

图 4-12　中国煤制丙烯产业未来地域分布（包括已建、在建和规划项目）

综合各种项目规划，中国未来煤基乙烯的生产能力将达 950 万 t，煤基丙烯的生产能力将达 1750 万 t。随着中国具有自主知识产权的甲醇制烯烃等技术和装备不断取得突破，CTO 和 CTP 示范工程的成功，煤制烯烃行业有望迎来快速发展。

4. 2. 4. 2　煤制乙二醇

乙二醇是非常重要的基础有机原料和战略物资，主要用于生产聚酯纤维，亦可作防冻剂、不饱和聚酯树脂、润滑剂、增塑剂和非离子表面活性剂等，用途广泛。2011 年中国乙二醇的产能 360 多万吨，除内蒙古通辽 20 万 t 为煤制乙二醇外，其余全部为石油基产品（乙烯直接氧化法）。2001 ~2011 年乙二醇表观消费量年均增长率约为 18%，进口量年均增长率约为 17.6%，自给率平均仅为 27% 左右，国内缺口巨大。石油基乙二醇产品的原料成本约占乙二醇总成本的 50%，且与国际油价挂钩紧密，乙二醇价格随原油价格变化波动大。因此，适度发展煤制乙二醇可以替代石油，降低中国对进口石油的依赖。国家已将煤制乙二醇技术列为现代煤化工五大技术示范之一，并列入国家石化产业调整振兴规划，可以预见煤制乙二醇产业的发展前景光明。

随着内蒙古通辽 20 万 t 煤制乙二醇示范装置试车成功并生产出合格的乙二醇产品，国内掀起了煤制乙二醇的开发投资热潮。综合调研数据显示，未来煤制乙二醇可能形成总产能约 800 万 t 的规模，主要集中分布在河南（42.0%）、内蒙古（29.4%）和陕西（16.8%）等省（自治区），如图 4-13 所示。

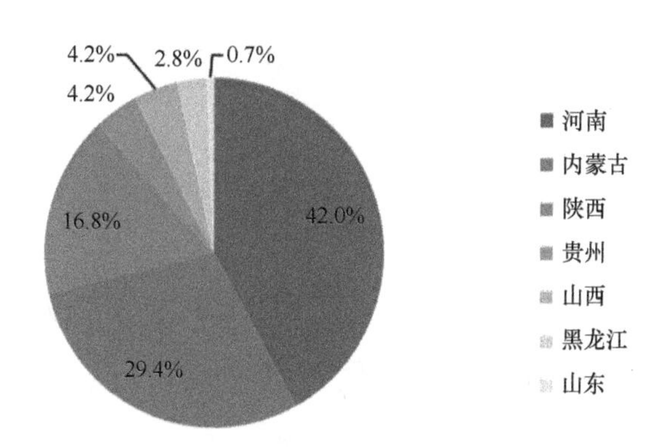

图 4-13　中国煤制乙二醇产业未来地域分布（包括已建、在建和规划项目）

4.2.4.3　煤制芳烃

芳烃是石油化学工业的重要基础原料，在总数约 800 万种的已知有机化合物中，芳烃化合物约占 30%，其中苯（B）、甲苯（T）、二甲苯（X）的产量和规模仅次于乙烯、丙烯，被称为一级基本有机原料。芳烃通常为苯、甲苯、混合二甲苯、邻二甲苯、对二甲苯和重芳烃等的统称。中国的纯苯多年来基本供需平衡，甲苯和对二甲苯（PX）缺口较大，2010 年甲苯表观消费量 230 万 t，自给率为 65%；对二甲苯表观消费量 864 万 t，产量 533 万 t，缺口 331 万 t。

芳烃最初完全来源于煤焦油，进入 20 世纪 70 年代以后，全世界几乎 95% 以上的芳烃都来自石油。中国芳烃生产装置主要采用炼油厂的重整装置、石油化工厂的乙烯裂解汽油和芳烃生产联合装置，以及焦化装置等，主要来源于石油。对中国而言，石油比较短缺，近年全国芳烃总进口量超过 1000 万 t，缺口很大，发展以煤制芳烃的技术具有明显的优势和重要的战略意义。目前煤制芳烃还没有工业示范项目，2012 年陕西华电榆横煤化工有限公司万吨级煤制芳烃中试项目中交，项目采用了清华大学自主研发的流化床甲醇制芳烃技术；中石化 20 万 t 甲苯甲醇甲基化示范项目于 2012 年 12 月开车成功，实现了以甲苯和甲醇为原料生产二甲苯的技术。未来规划的煤制芳烃项目有陕西华电榆横 100 万 t 项目和庆华集团分别在内蒙古和宁夏建设的 10 万 t 和 30 万 t 的项目，预计未来煤制芳烃总产能可能达到 140 万 t。

4.3 小结

综上所述，现代煤化工是中国煤化工的主要发展方向，现代煤化工的主要功能是实现石油和洁净能源替代，具体表现在煤制天然气、煤制液体燃料和煤制化学品三方面，在国家大战略、资源成本优势以及各种因素的作用下，现代煤化工发展潜力巨大。但是煤炭生产基地区域一般生态环境脆弱，配套水资源更是有限，煤化工项目又需要耗费大量水资源，也会产生大量 CO_2，而且很多技术还有待进一步开发和完善，示范工程的经验也需要进一步的总结。《煤炭工业发展“十二五”规划》在广泛征求相关专家意见的基础上，提出在水资源充足，煤炭资源富集地区适度进行现代煤化工示范，并严格限制在环境容量小的地区发展煤化工。

第5章　中国煤化工产业问题综合分析

中国煤化工的快速发展不仅在国内产生了非常多的争议，并且也引起了世界范围的高度关注。矛盾集中体现在煤炭作为中国能源和化工原料的主体地位不可取代，发展经济必然消耗大量煤炭，而煤炭大量开发与利用给生态环境、气候所带来的影响（空气污染、水体污染、生态破坏、资源枯竭、气候变暖等）与发展经济提高人民生活水平的目的发生了根本冲突。如何认识中国煤化工产业的内在本质，如何认识外界对煤化工产业的影响，对正确诊断煤化工产业的核心问题，提出对应的解决策略非常重要。本章将从优势、劣势、机遇及威胁四方面进行深入剖析，力争对中国煤化工获得全方位认识，提出解决上述主要矛盾的策略。

5.1　优势分析

5.1.1　煤炭资源相对丰富

煤炭是中国的优势矿产，煤炭资源量占全国化石能源总量的90%以上，在中国能源结构中具有举足轻重的地位。中国煤炭资源丰富，地理分布广泛，煤种齐全，煤质优良。根据《煤炭工业发展“十二五”规划》，截至2010年年底，全国煤炭保有查明资源储量13 412万亿t，比2005年增加约3000亿t，其中西部地区占全国增量的90%以上。另据2011年《BP世界能源统计2011》显示，中国煤炭探明储量为1145亿t，储采比为35年，而中国石油与天然气的储采比仅分别为9.9年和29年。中国煤炭资源相比石油和天然气资源具有绝对优势。

随着中国国民经济的迅速发展，对能源的需求日益旺盛，能源安全形势严峻。石油对外依存度逐年攀升，从2005年的45%左右增长到2012年的58.8%；近年来天然气产量远远不能满足迅速增长的需求，从2007年开始消费量和产量的缺口逐年增加，2012年缺口已经接近400亿Nm^3。面对中国逐年增长的石油对外依存度（图5-1）和不断增加的天然气需求（图5-2），中国"富煤、缺油、少气"的资源禀赋特征从根本上就决定了中国需要发展煤化工。

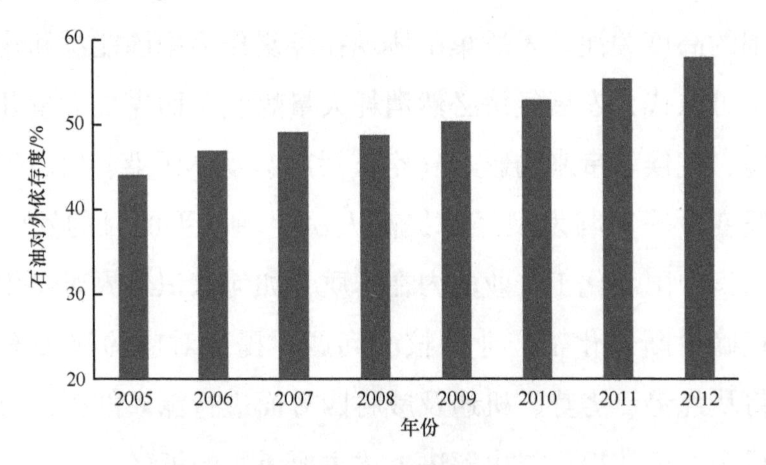

图5-1　中国石油对外依存度变化趋势（2012）

资料来源：中华人民共和国国家统计局，2013

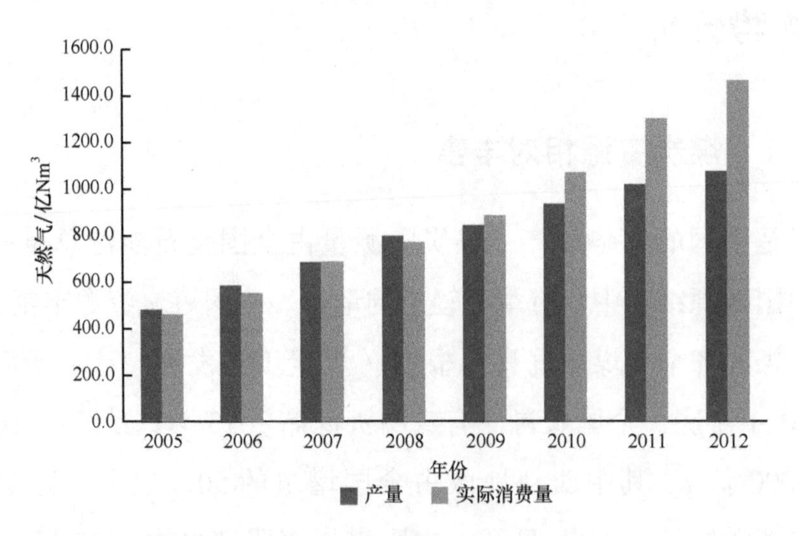

图5-2　中国天然气产量与消费量变化趋势

资料来源：中华人民共和国国家统计局，2013

5.1.2　煤炭价格低廉

煤炭比石油价格低廉，以煤为原料采用先进技术生产同样的产品具有更大的利润空间，这也是企业发展煤化工最直接的动力。石油和化学工业规划院发表的《“十二五”期间中国煤制烯烃产业发展的几点建议》比较了石脑油制烯烃和煤制烯烃的原料竞争价格（表5-1）。原油价格90美元/桶时石脑油价格约为6621元/t，相应的石脑油制烯烃生产成本约为8891元/t，此时只要煤炭价格在867元/t以下，煤制烯烃就可以与石脑油制烯烃竞争，而用于生产烯烃的原煤的价格一般在500元/t以下，优势明显。国务院发展研究中心发表的《煤制油项目的经济性分析》报告中给出了在经济可行条件下煤炭价格与最低原油价格的关系（表5-2）。煤炭价格越低，原油价格越高，煤制油的经济性越突出。当煤炭价格为500元/t左右时，间接液化的原油竞争价格为60~70美元/桶，直接液化的原油竞争价格为36~46美元/桶。预期未来国际油价会持续高位运行而国内煤价则不会大幅上涨，再加上煤制烯烃技术、煤制油技术已较为成熟，因此煤炭的价格优势将长期发挥作用。

表5-1　石脑油制烯烃和煤制烯烃的原料竞争价格

原油价格/(美元/桶)	石脑油价格/(元/t)	烯烃生产成本/(元/t)	煤炭竞争价格/(元/t)
40	3186	4582	−17
50	3873	5437	159
60	4560	6293	334
70	5247	7159	512
80	5934	8005	685
90	6621	8891	867
100	7308	9717	1036

资料来源：龚华俊，2010

表 5-2　经济可行条件下煤炭与原油的竞争价格

煤炭价格/(元/t)		100	500	600	700	800
原油价格/(美元/桶)	间接液化	35～45	60～70	67～77	74～84	80～90
	直接液化	20～30	36～46	40～50	45～55	49～59

资料来源：沈桓超，2008

5.2　劣势分析

5.2.1　影响资源和生态环境

5.2.1.1　水资源问题

煤化工产业体量巨大，相比石油化工对水资源的影响更大，调研显示多数企业生产 1t 甲醇要消耗 $10m^3$ 甚至更多的水，生产 1t 烯烃的新鲜水用量高达 10～$15m^3$，水资源问题已经成为现代煤化工项目的首要问题。

2011 年，《中共中央、国务院关于加快水利改革发展的决定》（中发［2011］1 号）提出最为严格的水资源管理制度，规定严格控制“三条红线”——水资源开发利用总量控制红线、用水效率控制红线和水功能区限制纳污控制红线。2013 年，《实行最严格水资源管理制度考核办法》（国办发［2013］2 号）明确水资源开发利用总量的红线为：到 2015 年全国用水总量力争控制在 6350 亿 m^3 内，到 2020 年控制在 6700 亿 m^3 内，到 2030 年控制在 7000 亿 m^3 内。2010 年全国煤化工用水量约占全国用水量的 0.24%。若按此比例，则 2015 年“煤化工用水红线”为 15 亿 m^3，2020 年为 16 亿 m^3，2030 年为 17 亿 m^3。假设调研的煤化工在建的产能均实现投产，煤化工行业新鲜水用量将达到 28 亿 m^3，约为 2010 年全国煤化工新鲜水用量的 2 倍；如果规划的产能也实现投产，煤化工行业新鲜水用量将达到 42.2 亿 m^3，约为 2010 年全国煤化工新鲜水用量的 3 倍，远高于“煤化工用水红线”。可见，在富煤缺水地区发展煤化工必须采取最先进的节水技术，做到污水零排放，把新鲜水用量降到最低限度。

中国煤化工的水资源约束问题区域性更加明显。中国的煤炭资源和水资源呈逆向分布，具有丰富煤炭资源的大型煤化工基地主要集中在中国北部和西部（山西、陕西、内蒙古、宁夏等），而这些地区往往是中国最缺水的地区。《实行最严格水资源管理制度考核办法》（国办发［2013］2号）提出了各省（自治区）在 2015 年、2020 年和 2030 年用水总量控制指标。通过将在建产能投产后和规划产能投产后各省（自治区）煤化工的用水量与 2015 年和 2020 年各省（自治区）用水总量控制指标比较，结果表明山西、陕西、内蒙古、宁夏四省（自治区）的煤化工用水占各自用水总量控制指标比例较高，远远高于全国煤化工产业用水量占全国用水量的比例（2010 年约为 0.24%，2012 年约为 0.29%）（表 5-3）。对于水资源匮乏的北部和西部地区，在保证生活和农业用水的前提下，留给工业用水空间非常有限，煤化工的发展形势更加严峻。

表 5-3　山西、宁夏、内蒙古、陕西煤化工用水趋势

项目	2010 年煤化工用水量/亿 m^3	煤化工在建产能均投产后		煤化工规划产能投产后	
		煤化工用水量/亿 m^3	占 2015 年用水总量控制指标比例/%	煤化工用水量/亿 m^3	占 2020 年用水总量控制指标比例/%
山西	3.8	4.2	5.5	5.4	5.8
宁夏	0.3	1.1	1.5	2.2	3.0
内蒙古	1.7	3.4	1.3	5.1	2.0
陕西	1.0	3.2	3.1	5.9	5.2

5.2.1.2　碳排放问题

煤炭是碳含量最高的化石燃料，相比石油化工、天然气化工，煤化工的碳排放较高，煤间接液化每吨油排放 CO_2 约 8t，直接液化每吨油排放 CO_2 约 3.9t，而炼油行业每吨油品 CO_2 排放量仅为 0.5t（刘贞等，2013）；每吨煤制烯烃产品比石油制烯烃产品多排放 7t CO_2（李阳丹，2011），可见在碳排放上，煤化工劣势明显。

2011 年，《中华人民共和国国民经济和社会发展第十二个五年规划纲要》提出，到2015年单位国内生产总值（GDP）CO_2 排放量比2010年下降17%；中国在哥本哈根会议上宣布单位国内生产总值 CO_2 排放量2020年比2005年下降40%~45%。根据此目标，并且假设中国GDP年均增长率为7%，则2015年全国 CO_2 排放量限值为90亿t，2020年为140亿t。2010年中国煤化工 CO_2 排放量约占全国 CO_2 排放总量的3.3%。若参照此比例，则2015年、2020年“煤化工 CO_2 排放空间”分别为3亿t和4.6亿t。假设煤化工在建产能均实现投产，全国煤化工 CO_2 排放量将达到7.4亿t，约是2010年全国煤化工 CO_2 排放量的2.7倍；如果规划的产能也实现投产，煤化工 CO_2 排放量将达到15.3亿t，约为2010年全国煤化工 CO_2 排放量的5.7倍，远远超出“煤化工 CO_2 排放空间”。因此淘汰落后产能、采用先进工艺技术提高工艺过程效率非常重要，同时发展适用于煤化工的碳捕捉和封存/碳捕捉利用和封存（CCS/CCUS）技术也非常重要。

5.2.1.3 煤炭资源消耗问题

2010年煤化工消耗原料煤6.9亿t，消耗燃料煤0.5亿t，约占全国煤炭总产量的23%。假设煤化工在建的产能实现投产，煤化工耗煤量将达到13.1亿t，约是2010年的2倍；如果规划的产能也实现投产，耗煤量将达到18.9亿t，约为2010年的3倍。根据《煤炭工业发展“十二五”规划》（发改能源［2012］640号），2015年中国煤生产量控制在39亿t，主要增加发电用煤6.5亿t，可见留给煤化工的增长空间有限，值得引起关注。

5.2.2 现代煤化工投资大技术仍需进一步完善

现代煤化工技术虽然在直接液化、间接液化、煤制烯烃等方面取得了突破，但一些重点项目需要进一步示范，配套技术仍需完善提高。总体上，绝大多数传统煤化工企业的生产水平还停留在20世纪80~90年代的水平，致使我国煤炭利用率低下、能耗较高、污染排放不符合环保要求。中国传统煤化工的落后产能比例高，据中国炼焦行业协会的统计，2010

年4.3m以下焦炉的产能大约占到了全国焦炭产能的1/3，2010年年底电石行业产能小于5万t的企业仍占企业总数的40%（张玉，2012），甲醇行业20万t以下联醇等高能耗、小规模的落后产能占总产能的48%（石明霞等，2010）；合成氨行业总产能的30%是落后产能（童克难，2013），劣势明显。

此外，由于现代煤化工工艺较为复杂，生产规模大造成新的煤化工项目投资巨大。按能源当量基准计，煤基化学品的投资成本比以石油和天然气为原料的投资成本高出许多。煤制烯烃吨产品投资是石脑油制烯烃吨产品投资的3~4倍；煤制油吨产品投资是石油炼制吨产品投资的8~10倍。巨大的投资增加了项目的风险，对于现代煤化工的健康发展也是不利的。

5.2.3　煤化工产业发展出现无序现象

调研结果表明全国煤化工发展势头迅猛，但缺少科学的发展规划，很多企业对煤化工表现出热情的同时，往往忽略市场调研和风险评估，形成一拥而上的无序发展局面。2012年全国甲醇生产的开工率为61%，二甲醚生产的开工率仅为36%，焦炭生产的开工率为72%，电石生产开工率为58%，产能无序发展造成过剩的情况仍比较严重。以煤制丙烯为例，2010年全国丙烯产量1450万t，《烯烃工业“十二五”发展规划》预测中国2015年丙烯规划产能2400万t，预测当量需求2800万t。但本书调研统计煤基丙烯的规划产能已经达到1750万t，不仅远远超过《烯烃工业“十二五”发展规划》所建议的20%原料多元化的非石油丙烯产量（480万t），而且与石油基丙烯合并形成的总产能（3200万t），将远超全年的当量需求，供求逆转，产能过剩的局面将可能重演。

5.2.4　清洁生产标准与评估方法不健全

清洁高效是煤化工健康发展的重要指标，除了设置规模准入门槛、用水量、能效准入值以外，制定并颁布对应行业的清洁高效生产标准对于引导煤化工的规范生产将起非常重要的作用。我国石油化工行业在清洁生产标准的制定方面正在系统地开展工作，但是在煤化工行业尚未引起足够的重视，由于制定煤化工行业的清洁高效生产标准的工作滞后，远不能满足现代煤化工发展的要求。另外，中国大型化工项目的获批材料虽然包括可行性研究报告、环境影响评估报告、节能评估报告等，但是它们均以项目自身作为研究边界，没有从全生命周期角度考虑对环境造成的全部影响，这种建立在局部基础上所形成的决策常与全局相互矛盾。目前，西方发达国家对项目的审批都要求对项目产品进行全生命周期的碳足迹、水足迹等分析，以保障结论不失偏颇。显然，我国在清洁生产标准体系以及科学评估体系方面还有很长的路要走。

5.2.5　人才匮乏、科研投入不足

中国在20年前取消了针对煤化工的专业设置，造成当前煤化工专业方面的人才断档，目前市场上煤化工人才供不应求，高级专业人才更是缺乏，不能适应快速发展的煤化工产业对人才的需求。在科研投入方面，中国近年虽然加大了对煤化工研发的投入力度，如国家自然基金委与神华集团合作，设立了煤炭专项基金等。但是，中国在煤化工中长期工程技术以及基础研究经费投入不足，科研方向还不够全面系统，导致科研投入与产出不相匹配。例如，以黏结性差为特征的低阶煤占煤炭总储量的50%，已经成为中国能源与煤化工的主要原料，然而与低阶煤特有的物化性质（高水含量、高有机质含量、高碱金属含量、高反应性、低机械稳定性等）有关的基础理论、工程技术基础、应用评价体系还很薄弱，由此引发的各种新的工程问题有待研究解决。

5.3　机遇分析

5.3.1　国民经济稳定增长

中国自改革开放以来经济一直保持着快速稳定的发展，这种发展带来

巨大的物质需求（表5-4），形成了可观的市场空间。中国石油和化学工业联合会2011年5月发布的《石油及化学工业“十二五”发展指南》指出，“十二五”期间，中国经济将继续保持平稳较快增长，居民消费结构升级步伐持续加快，成为中国包括煤化工在内的化学工业发展的战略机遇期。《烯烃工业“十二五”发展规划》测算，2015年我国乙烯当量需求量约3800万t，年均增长率5.1%；丙烯当量需求量约2800万t，年均增长率5.4%。到2015年，我国乙烯产能目标达到2700万t，产量达到2430万t，国内保障能力64%，丙烯产能达到2400万t，产量达到2160万t，国内保障能力为77%。

表5-4 “十二五”主要化工产品消费预测

产品名称	2000年消费量/万t	2005年消费量/万t	2010年消费量/万t	2001～2005年均增幅/%	2006～2010年均增幅/%	2015年预测消费量/万t	2011～2015年均增幅/%
成品油	11 642.9	16 858.6	24 514.6	7.70	7.00	32 800	6.00
烧碱（折纯）	655.3	1 159.3	1 934.1	12.10	10.60	2 700	6.90
纯碱	748.1	1 250.7	1 871.3	10.80	8.70	2 550	6.40
乙烯	470	758.5	1 497.1	10.00	13.80	2 500	11.00
甲醇	329.3	666.2	2 092	15.10	25.20	3 700	12.00
合成树脂	2 469	3 834.8	7 135.6	9.20	12.80	10 000	7.00
合成橡胶	150.3	263	444.3	11.80	11.30	650	7.90
轮胎外胎	12 158	22 828.6	41 702.3	13.40	12.40	62 200	8.30
化肥	4 124.4	5 425.7	6 273.6	5.60	3.40	6 800	1.50
农药原药	52.7	64.8	178	4.20	26.50	210	3.40

5.3.2 石油价格走高对外依存度加大

尽管石油价格不停波动，美国的通胀输出、产油地区的政治动荡等因素增加了油价的不确定性，但是除2009年全球金融危机导致石油价格下跌以外，石油价格均不断攀升，近年来一直处于高位运行（图5-3），说明廉价石油时代已经结束。中国石油对外依存度从21世纪初的32%上升至2011年的57%（国务院新闻办公室，2012），2012年又提高至 58.8%，并且国内对石油的需求量仍在不断增长。因此无论是从利润的空间上还是从国家战略层面上，目前都是“煤替油”等煤化工发展的最好机遇期。

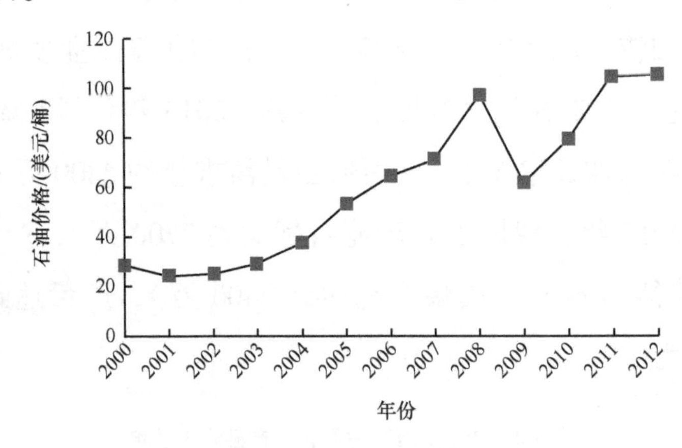

图 5-3 世界石油价格变化

资料来源：World Bank，2013

5.3.3 现代煤化工技术获得突破

中国近年来在煤化工领域的技术发展日新月异。2010 年，内蒙古包头神华 60 万 t 煤制烯烃项目开车成功、内蒙古通辽 20 万 t 煤制乙二醇示范装置试车成功；2011 年，神华宁煤 52 万 t 煤制丙烯项目示范成功、内蒙古伊泰公司 16 万 t 煤间接液化示范成功、华电集团完成了万吨级煤制芳烃的中试；2012 年，赛鼎公司设计的内蒙古庆华集团 10 万 t 甲醇制汽油试产成功、陕煤化集团天元化工厂单系列 50 万 t 中低温煤焦油深加工项目成功等，标志着中国“煤替油”技术正在获得一系列实质突破，这种突破有望破解中国石油高度依赖进口的局面，提高了现代煤化工在国家能源安全中的地位，刺激了现代煤化工的发展，也为现代煤化工的商业化奠定了基础。

5.3.4 国家政策积极引导

尽管中国的煤化工的整体科技水平还有待提高，但是中国也从政策的层面给现代煤化工的发展留出了一定空间。例如，2012 年颁布的《烯烃工业“十二五”发展规划》中，提出烯烃原料的多元化为煤制烯烃在政策上给予了支持。与此类似的还有煤制天然气、煤制乙二醇等。同时国家非常重视煤炭转化技术的自主开发与工业化，关注煤化工的发展，鼓励中国企业、高校、研究机构开发具有自主知识产权的煤化工相关技术。DMTO 技术是煤制烯烃的关键技术之一，在国家多方位的支持下该技术已经成功地实现商业化运营，必将促进煤化工朝新的方向发展。

5.4 威胁分析

5.4.1 国际廉价产品对国内煤化工产业的冲击

以中东地区廉价轻烃和美国页岩气副产的轻烃为原料生产的石化产品具有很强的国际竞争力（赵剑锋，2011）。如果中东地区的化工产品大量低价进入中国市场，对于中国煤化工企业将是致命的打击。以烯烃产业为例，国外部分地区采用廉价乙烷和丙烷作为乙烯裂解原料，特别是中东地区的乙烷原料一直采用沙特乙烷定价机制，乙烷原料价格一直保持在 35 ~ 45 美元/t，国际油价波动对其原料成本影响较小，煤制烯烃产品很难与之竞争。

5.4.2 碳税对煤化工利润空间的冲击

气候变化作为国际性议题正在全世界取得共识。因此碳税作为一种延缓化石能源对气候变化影响的经济手段，无论是在国际上还是国内都将可能扮演重要的角色。碳税的征收必将压缩煤化工企业的利润空间，削弱企业的竞争力，从而威胁中国煤化工的发展。国务院发展研究中心发表的《煤制油项目的经济分析》报告中给出了 CO_2 排放交易变动下对应的最低原油价格（表 5-5）。

表 5-5 碳排放交易价变动下煤制油具有经济性对应的原油竞争价格

碳排放交易价格/(美元/t)	间接液化具有经济性对应的原油竞争价格/(美元/桶)	直接液化具有经济性对应的原油竞争价格/(美元/桶)
0	60 ~ 70	36 ~ 46
5	64 ~ 74	40 ~ 50
10	67 ~ 77	43 ~ 53
20	74 ~ 84	50 ~ 60
30	81 ~ 91	57 ~ 67
50	96 ~ 106	72 ~ 82

注：煤炭价格 500 元/t。

资料来源：沈恒超，2008

可以看出，在 10 美元/t CO_2 的排放交易价下，原油价格在 67 ~ 77 美元/桶以上，间接液化具有经济性，而当碳排放交易价提高到 50 美元/t 以上时，原油价格必须达到 96 ~ 106 美元/桶以上，间接液化才具有经济性。煤化工是高碳排放行业，碳税的征收必定压缩其利润空间，值得引起高度重视。

5.4.3 油气能源发展对煤化工产业的冲击

中国煤化工发展的重要立论之一是中国“缺油、少气”。因此一旦有大的油气资源被发现，发展现代煤化工的根基就可能被动摇。最近的地质勘探表明中国有世界上最大的页岩气储量，如果页岩气开发技术成熟，将有大量的页岩气容易获得，中国的能源和化工原料格局将可能发生根本的改变。美国页岩气的大量开发已经使得天然气价格下挫，美国也因此成为成品油的净出口国。与美国对比，预计中国页岩气规模化商业开采尚待时日。按照美国的经验，从 2003 年水平裂压技术的商业化应用到 2007 年页岩气产量的大幅增长经历 4 年的时间，尽管我国技术方面可能有后发优势，但目前在勘探开发技术上仍和先进国家有很大差距，同时页岩气赋存条件远逊于美国（董大忠等，2012），管网建设滞后，因此其对煤化工的冲击尚需时日，但美国“页岩气革命”所引起的一系列变化和对策值得借鉴。当然这种冲击可能并不完全是不利的，页岩气与煤结合可以帮助煤化工产业减少碳的排放，需要全面认识。

同理，电动汽车由于环境污染较传统燃油汽车小而被广泛关注，但是目前电池技术尚不成熟，如果未来突破了电池蓄能和充电的关键技术，并且价格可以为大众接受，那么电动汽车将会快速普及，燃料油的需求将会大幅下降。届时首当其冲受冲击的就是煤制油类的煤化工行业，应当给予战略重视。

5.5　SWOT分析

SWOT分析就是通过对优势（strength）、劣势（weakness）、机遇（opportunity）和威胁（threat）的矩阵组合，将这些独立的因素相互耦合进行综合分析，可分别得到SO策略、ST策略、WO策略和WT策略，基于此制定的战略更加科学全面。SO策略是强调如何利用机遇，将自身的优势最大地发挥出来；ST策略是监视对优势的潜在威胁，属于防御性策略；WO策略是强调如何改变自己的劣势，从而利用更多的机遇，属于改进性策略，而WT策略则要求采取果断措施和策略改变劣势，杜绝潜在威胁发生。四种策略的优先顺序为WT>SO>WO>ST。根据这种方法得到的中国煤化工策略建议（表5-6），是本书政策措施建议中重要的参考内容。

表5-6　中国煤化工SWOT分析表

项目	优势	劣势
	△煤炭资源相对丰富 △煤炭价格相对低廉	△水资源煤炭资源消耗大，CO_2 排放高 △现代煤化工投资大，技术仍需进一步完善 △煤化工产业发展规划出现无序现象 △缺少清洁高效生产标准、科学评估方法 △人才匮乏，科研投入不足

续表

机会	SO 策略	WO 策略
△国家经济稳定增长，物质需求不断增加 △石油价格走高，石油对外依存度提高 △现代煤化工技术获得突破 △国家政策积极引导	■从战略上保证国家的能源安全，大力发展“煤替油”、“煤制气”等现代煤化工技术，积极推进其产业化、商业化进程，积极开展现代煤化工的工业示范	■设立煤化工国家重大研究专项：大力研发煤炭清洁高效转化技术、研究制定煤炭清洁高效生产的标准体系、完善煤化工项目立项的评估方法体系，加强煤炭尤其是低阶煤炭的基础性质认识，建立低阶煤炭工业应用评价体系，培养煤化工人才，为煤化工的可持续发展提供基础 ■结构调整：淘汰、置换落后产能
威胁	**ST 策略**	**WT 策略**
△国际廉价产品对中国煤化工的潜在威胁 △碳税征收压缩煤化工企业的利润空间 △油气能源发展对煤化工的负面冲击	■密切关注页岩气的勘探与开采，从战略上制定页岩气一旦大量开采的应对策略 ■密切关注其他替代能源技术的发展趋势，从战略上制定应对策略 ■密切关注国外化工产品在中国销售，防止其倾销行为对中国煤化工产业造成破坏性打击 ■参考国外经验，加紧研究碳税征收对煤化工产业的影响，从战略上制定应对策略	■由国家统筹规划，明确中国煤化工的产业布局、发展路线图，有序发展煤化工。研究制定以煤炭生产基地为核心的国家层面的大型煤化工示范园区规划 ■引进、消化、吸收国外先进的节能技术、节水技术、净化技术，发展自主知识产权技术 ■参考学习发达国家的经验，完善项目评估体系、清洁生产标准

WT 策略：煤化工体量大，传统煤化工技术水平总体不高，现代煤化工的工艺优化尚未完成，故此引起的水资源问题、煤炭资源问题以及气候环境问题本身就比较明显。如果再出现无序的发展，产业的市场及竞争性会受到削弱。面对国际廉价、清洁原料的威胁，未来碳税征收的挑战，甚至能源结构的改变，以及石油替代新能源的可能出现，国家对煤化工尤其是现代煤化工的发展必须有所作为：由国家统筹规划，明确全国煤化工的

产业布局和发展路线图，有序发展煤化工，防止问题从内部朝不利方向发展；研究制定以煤炭生产基地为核心的国家层面的大型煤化工示范园区规划，以集约化、大型化、综合化、多联产化，尽可能降低产业的资源消耗，提高能效，减少污染物排放；加快引进、消化、吸收国外先进的节能技术、节水技术和净化技术，积极发展具有自主知识产权的技术，消除煤化工在技术上的劣势，从根本上提升煤化工行业的竞争力和抗风险能力；参考学习发达国家的项目评估体系、清洁生产标准和煤化学等知识与经验，尽快完善中国在这方面的先天不足，从方法学、标准上为中国现代煤化工的科学清洁发展打下坚实的基础。

SO 策略：在全国能源、资源需求不断增大的背景下，受国家“富煤、缺油、少气”资源禀赋特征和当前严峻的能源安全形势的使然，抓住当前政治经济稳定、需求不断增加的机遇，充分利用优势，在保证国家能源安全的战略方针下大力发展“煤替油”、“煤制气”等现代煤化工技术，积极稳步推进现代煤化工的产业化和商业化进程，以有条件企业为依托大力开展现代煤化工的工业示范，有效推动商业化、产业化发展，引领世界煤化工的发展。

WO 策略：要保证煤化工行业快速、健康、可持续发展，必须要努力克服自身弱点。建议设立国家重大研究专项，重点研发煤炭清洁高效转化技术，研究制定煤炭清洁高效生产的标准体系，完善煤化工项目立项的评估方法体系，加强煤炭尤其是低阶煤炭的基础性质研究，建立低阶煤炭工业应用评价体系，培养煤化工人才。此外，针对煤化工产业发展和规划的盲目、无序现象，还应进行煤化工行业的结构调整，淘汰、置换落后产能，设立严格的准入制度。通过以上策略多层次系统地解决煤化工行业存在的问题，为煤化工的可持续发展夯实基础。

ST 策略：中国煤炭虽具有资源和价格优势，但相比中东等富产油气地区的天然气、低碳烃则优势不再。如果这些廉价的产品进入中国市场，无论是煤制油还是煤制烯烃的竞争优势都将受到不同程度的削弱，相应产业将受重创。针对国际廉价产品对中国煤化工的潜在威胁，应密切关注国外化工产品在中国的销售动态，防止其倾销行为对中国现代煤化工产业造成破坏性打击。碳税是以煤为原料煤化工产业的潜在威胁，如果实施碳税，煤基产品的成本增加较大，甚至可能抵消其原料廉价的优势。因此，提前探讨碳税政策实施对煤化工行业的影响，制定相应对策保障煤化工行业的持续发展非常重要。美国的“页岩气革命”给美国的能源结构带来了巨大的影响，中国页岩气的储量居世界之首，页岩气的开发正在紧锣密鼓地进行。一旦页岩气可以经济地大量生产，必将对中国的能源结构带来深刻影响。届时煤炭相对丰富的格局可能被打破，煤替代石油可能将转变成页岩气替代石油，煤制气将失去基础。可见，应从战略上制定诸如页岩气一旦大量生产情形下的应对策略，争取将其对煤化工行业的冲击降到最低。

5.6 小结

综上所述，中国煤化工目前的发展从自身来讲既有优势又有劣势，从外部环境来讲既有机遇又有威胁。优势体现在煤炭资源在中国相对丰富，并且煤炭价格相比石油价格较为低廉两方面。劣势同样很明显，突出表现在对生态环境的破坏和污染，投资数额巨大带来较大的项目风险，过度无序发展而导致开工率低下，缺乏完善的清洁生产标准及评估方法的引导和规范，科研投入不足并且专业人才匮乏。中国煤化工目前处在一个机遇期，国民经济稳定增长带来了巨大的物质需求，石油价格不断走高凸显了煤炭的优势，我国石油对外依存度提高突显了煤替油的重要性，现代煤化工技术获得突破丰富了煤炭的转化路径，同时国家在不断出台政策积极引导煤化工的发展。当然中国煤化工也面临着外来的冲击，如国际上的廉价化工原料和产品、未来可能征收的碳税、油气资源的不断发展、电动汽车的发展等都可能对中国煤化工造成巨大的打击。

为了扬长避短、把握机遇、应对威胁，我国应当从战略上保证国家的能源安全，大力发展“煤替油”、“煤制气”等现代煤化工技术，积极推进其产业化、商业化进程；从严审批煤化工项目，避免无序发展与地方保护主义发生；密切关注页岩气的勘探与开采、国外化工品在国内市场销售动态等；参考国外经验，加紧研究碳税征收对煤化工产业的影响；明确我国煤化工布局、发展路线图，有序发展煤化工；制定以煤炭生产基地为核心、摒弃地方保护主义的国家层面的大型煤化工示范园区规划；积极开发自主知识产权的创新技术，引进、消化、吸收国外先进的节能、节水、净化技术；培养煤化工人才；建立煤化工项目评估体系、清洁生产标准；设立国家重大研究专项，为煤化工的可持续发展夯实基础。

第 6 章 中国煤炭洁净高效转化的战略目标及发展规划

6.1 中国煤炭清洁高效转化的战略方针

(1) 国家能源安全的可持续发展战略

必须将国家的能源安全置于首位。中国缺乏石油的国情决定了中国在特殊情况下必须具备自主解决燃油等的供给能力，与此类似的还有天然气问题。利用煤炭转化技术生产油品、天然气和化学品，来替代石油和天然气，可以从战略上避免中国在特殊情况下出现由于石油、燃料中断所引发的国力下降、社会动荡等各种问题，是煤炭作为保障国家安全的首要战略。

(2) 清洁高效转化的可持续发展战略

煤炭在中国化学工业的地位举足轻重，但是粗放式的煤炭转化发展模式将给生态环境带来负面影响。从长远而言，如果这种影响不加以抑制甚至消除必将导致生态环境灾难，所以未来煤炭转化的发展方向必须遵循清洁高效可持续的战略方针。

(3) 支撑国民经济的可持续发展战略

战略必须兼顾经济性，提高煤炭对国民经济的贡献，除提高煤炭能源的转化效率、利用效率之外，提高产品的附加值也可以起到同样显著的效果。许多煤化工产品，如煤基烯烃、煤基乙二醇等在经济性上表现比较突出，这为煤炭支撑国民经济的发展提供了新的途径，同时也可减少煤化工行业单位GDP的污染物排放强度，可在战略上配合中国在温室气体减排上所做的国际承诺。

6.2 中国煤炭清洁高效转化的能源安全战略目标

6.2.1 煤制石油替代品战略目标

2012年中国石油表观消费量5亿t，同比增长5.6%，国内石油产量2.07亿t，对外依存度为58.8%。中国2015年、2020年和2030年石油表观消费量将分别达到5.7亿t、6.6亿t和7.6亿t，而石油产量将维持在2亿t左右，因此石油进口量将分别达到3.7亿t、4.6亿t和5.6亿t，届时对外依存度将分别达到65%、70%和74%左右。本书设定我国石油对外依存度的安全警戒线为60%，以此计算被替代的石油当量在2015年、2020年和2030年分别是2600万t、6500万t和1.1亿t。

在“煤替油”的产品和规模的选取上，以发展对民生影响较大的大宗消费产品为目标，主要包括煤基燃油和煤基烯烃、焦油加氢燃料、乙二醇和芳烃。煤制天然气主要根据市场预测，最大程度上保证规划的目标具有现实性与科学性。

6.2.2 传统煤化工的战略目标

传统煤化工产品多属大宗产品，对国家建设贡献举足轻重，其未来产品规模也与国家发展状况息息相关。

焦炭：焦炭的发展主要取决于钢铁工业的需求。中国钢铁工业经历了“十五”、“十一五”时期消费和生产的高增长后，正进入平稳发展时期。有专业分析指出，尽管中国钢铁消费还会增加，化工、有色、机械铸造等行业还将持续增长，但随着社会消费水平和消费结构的升级，尤其是钢铁、机械、化工、有色等行业结构调整和技术进步，循环经济的深入发展，能源消费结构的变化，各产业焦炭消费的单耗或者总量将日趋下降，预期中国焦炭的生产与消费不会再出现类似前几年的大起大落（黄金干，2006）。中国焦炭行业发展和焦炭生产结构将逐渐趋于合理。钢铁行业与国民经济息息相关，钢产量的增速与国内生产总值增速相当。2011 年，中国人均钢消费量为 509kg，已超过意大利、英国和法国工业化时期的峰值（徐向春，2007）。2005 ~ 2011 年粗钢产量的年均增速为 12%，以此速度，焦炭规模在 2015 ~ 2020 年将达到最大值 4.5 亿 t，其后开始下降，2030 年预计控制在 3.8 亿 t 以内。

合成氨：中国氮肥消费量已经进入稳定的平台期，增加与抑制化肥需求的因素相互作用，未来化肥需求增长缓慢。2005 ~ 2008 年全国氮肥表观年消费量连续稳定在 3300 万 t（折纯）左右，2009 年增长到 3600 万 t。2005 ~ 2009 年国内粮食连续 5 年稳产高产，表明化肥利用效率在逐步提高，也说明国内化肥需求增长进入平台期。中国利用世界 7% 的土地养活了世界 22% 的人口，消费了全球近 35% 的化肥，单位农业面积化肥的使用量和密度已达到很高程度，增产增效空间不大，直接限制了化肥需求扩张的空间。此外，科学施肥也将抑制化肥用量过快增长。欧美发达国家的发展历程表明，化肥施用总量在达到一定规模后均呈逐步下降态势（王亚平，2011）。基于此，本书预测中国合成氨规模在 2015 ~ 2020 年基本保持在 5500 万 t，2030 年下降到 5000 万 t。

电石：2013 年 1 月 19 日，超过 130 个国家的代表团在瑞士日内瓦达成了全球首个《水与汞污染防治公约》（或称《水俣公约》）。公约规定，各国同意在 2020 年之前，禁止一系列含汞产品的生产和贸易。各国将在 2013 年 10 月开始签署此公约，在 50 个国家签署后开始生效。中国汞的总需求量占全球汞需求量的 30% ~ 40%，居全球首位。全国电石法聚氯乙烯生产中汞的使用量占全国汞消耗量的 60%，预示着中国电石法聚氯乙烯将会成为未来国际汞公约影响最大的领域（侯杰，2010）。中国国内早在 2010 年 6 月发布《电石法聚氯乙烯行业汞污染综合防治方案》（工信部节[2010] 261 号），限制汞在电石法生产聚氯乙烯中的使用。如果不能用无汞触媒或低汞触媒替代现在的高汞触媒，电石法聚氯乙烯行业将难以生存下去。随着煤制烯烃的发展，聚氯乙烯的原料逐步由乙炔向乙烯过渡，因此高能耗的电石行业将逐步萎缩。

按照以上战略方针和目标，本书对未来煤化工产品产能控制目标做如下规划（表6-1）。

表6-1　煤化工产品产能目标预测

产品	2015年	2020年	2030年
煤制天然气/亿 Nm^3	240	800	1 500
直接液化油品/万t	108	220	430
间接液化油品/万t	250	1 200	2 400
煤制烯烃（乙烯当量）/万t	450	1 000	2 000
煤制乙二醇/万t	160	500	800
煤制芳烃/万t	20	100	300
煤制甲醇汽油/万t	150	300	500
低温干馏焦油基油品/万t	800	1 600	2 000
醇醚燃料/万t	300	600	1 200
半焦/万t	5 000	7 500	9 000
煤基甲醇/万t	3 500	5 000	7 000
二甲醚/万t	300	600	850
合成氨/万t	5 500	5 500	5 000
焦炭/万t	42 000	45 000	38 000
电石/万t	2 000	1 500	1 000

注：甲醇产能指标不含烯烃配套用量。

6.3　中国煤炭清洁高效转化的清洁高效战略目标

2010年包括焦化在内煤化工全行业的新鲜水消耗量占全国新鲜水消耗量的0.24%，CO_2 和 SO_2 的排放分别占3.3%和2.8%左右，占全国总体比例不大，但在部分地区所占比例突出。按照上述预测的产品发展规模，中国煤化工2020年及2030年新鲜水的消耗将可能是2010年的2.1倍和2.8倍，原煤的消耗将是2010年的2.0倍和2.6倍，而CO_2的排放将可能是2010年的4.1倍和6.3倍。中国煤炭主产区的生态环境破坏已经明显，未来留给煤化工的环境、水、资源等空间可能会与煤化工火热的发展规划形成尖锐的矛盾。

煤炭资源：依照上述煤化工产品预测规模和当前的技术水平测算，估计到2015年煤化工的用煤规模比2010年增长约3亿t，达10亿t左右，其中约1.5亿t用于生产石油替代产品，约7700万t用于煤制天然气；到2020年煤化工用煤规模比2010年增长约7亿t，达14.1亿t左右，其中约3.0亿t用于生产石油替代产品，约2.6亿t用于煤制天然气；到2030年煤化工用煤规模比2010年增长约11亿t，达17.7亿t左右，其中约5.2亿t用于生产石油替代产品，约4.8亿t用于煤制天然气。可见未来用煤的增量基本来自于现代煤化工的发展，而且增量明显，与《煤炭工业发展“十二五”规划》（发改能源［2012］640号）中关于煤炭生产总量的规划相比有较大缺口，该问题可能需要通过煤炭进口或者重新调整有关政策等途径解决。

水资源：依照上述煤化工产品预测规模和当前的技术水平测算，2015年、2020年和2030年中国煤化工的新鲜水用量分别约为22亿m^3、31亿m^3和40亿m^3，分别超出前文估算的“煤化工用水红线”7亿m^3、15亿m^3和23亿m^3。如果不采取先进的工艺、先进的节水技术，即使通过政策调整，水资源问题也很难解决。

CO_2排放：按照前文对碳排放问题的分析，2015年、2020年的“煤化工CO_2排放空间”分别约为3亿t和4.6亿t，而依照上述煤化工产品预测规模和当前的技术水平测算，这两个时间节点中国煤化工CO_2排放量将达到6亿t和11亿t，分别超出“煤化工CO_2排放空间”3亿t和6.4亿t。虽然中国目前还未制定2030年的全国碳排放目标，但根据目前中国CO_2排放的绝对总量以及国际对中国碳排放问题的关注程度，2030年留给煤化工的碳排放空间将非常有限。可见，如何应对煤化工排放的CO_2问题，应引起高度的重视。

SO_2 排放：《国务院关于印发节能减排“十二五”规划的通知》（国发［2012］40号）提出2015年全国 SO_2 排放总量控制在2086.4万t，按照目前2.8%的比例，则“煤化工 SO_2 排放空间”约为58万t，而依照上述煤化工产品预测规模和当前的技术水平测算，2015年前后煤化工的 SO_2 排放量将达到100万t，超出“煤化工 SO_2 排放空间”约42万t。虽然中国还未制定2020年和2030年的全国 SO_2 排放目标，但根据近年来中国 SO_2 的总量减排政策，2020年和2030年留给煤化工的 SO_2 排放空间只会越来越小。

我国煤化工整体技术水平近年来有很大提高，现代煤化工发展也奠定了良好基础。尽管如此，中国传统煤化工技术水平总体落后，现代煤化工刚刚起步，工艺技术和装备有待进一步优化。无论是传统煤化工还是现代煤化工，不断地采用先进工艺技术，挖掘自身节能、节煤、节水和减排潜力仍是今后的重要工作。根据对有关工艺的核算，表6-2综合了主要产品生产的平均能效、煤耗和新鲜水用量应在2015年达到的基本要求和2020年达到的先进要求，作为中国煤炭清洁高效转化战略的一个重要组成部分。

表6-2　煤化工项目能效、原料煤耗和新鲜水用量等战略目标

项目	能效/%		原料煤耗/(tce/t产品)		新鲜水用量/(m^3/t产品)		CO_2 排放/(t/t产品)	
	2015年目标	2020年目标	2015年目标	2020年目标	2015年目标	2020年目标	2015年目标	2020年目标
煤直接液化	≥45.0	≥49.0	≤2.8	≤2.4	≤7.0	≤5.0		
煤间接液化	≥42.0	≥47.0	≤3.6	≤3.4	≤9.9	≤6.8	≤6.4	≤5.9
煤制烯烃	≥40.0	≥44.0	≤4.4	≤4.0	≤13.2	≤10.0	≤9.0	≤8.0
煤制乙二醇	≥25.0	≥30.0	≤2.4	≤2.0	≤9.6	≤7.5		
煤制天然气	≥56.0	≥60.0	≤2.3	≤2.0	≤6.9	≤5.0	≤4.7	≤3.9
煤制甲醇	≥47.0	≥50.0	≤1.4	≤1.3	≤4.2t/t煤	≤3.5t/t煤		
煤制合成氨	≥48.0	≥52.0	≤1.5	≤1.4	≤6	≤5		
低阶煤提质	≥75.0	≥85.0			≤0.15t/t煤	≤0.13t/t煤		

注：煤制天然气的单位产品按每1000m^3计；低阶煤提质是指煤的中低温热解。

按照表6-2的清洁高效战略目标和表6-1所预测的煤化工发展规模，

2015年、2020年和2030年分别完成年节煤约1000万t、8000万t和1.3亿t；2015年、2020年和2030年将分别完成年节约新鲜水约2.2亿m^3、8.8亿m^3和12亿m^3；2015年、2020年和2030年将分别减少CO_2排放每年约1700万t、1.5亿t和2.6亿t。节煤、节水和CO_2减排效果明显。但是通过工艺技术的优化来消除各种约束只是途径之一，还必须加强技术创新。

6.4 中国煤炭清洁高效转化的重点技术战略目标

技术的创新与突破可能从本质上帮助实现煤炭的清洁高效转化，减轻煤化工行业发展所面临的巨大压力，作为战略必须从技术重点发展方向和核心技术两方面提出长远的发展目标。

6.4.1 重点发展的技术方向

6.4.1.1 现代化

煤化工产业现代化包括：一是技术、装备现代化，二是产品现代化。技术现代化要求淘汰落后技术，采用先进技术以提高生产效率和资源利用率，降低单位产品资源消耗和综合能耗。例如，先进的气化技术可以显著提高冷煤气效率，提高煤炭的转化率，先进生产工艺和高效的催化剂可以给行业带来明显的效益，如正在工业示范的DMTO-II技术，可将烯烃产率提高10%以上，经济效益明显提高。

产品的现代化主要是提高煤炭深加工产品的性能和附加值，降低单位GDP的各种消耗，如煤基烯烃、煤基乙二醇以及间接液化油品在石油价格高位运行的背景下都具可观经济性。目前中国各省（自治区）所提出的煤化工发展规划，多以发展现代煤化工为主要内容，因此，研发以煤为原料生产附加值更高的现代煤化工产品技术是煤化工重点发展的技术方向。

6.4.1.2 大型化

产业规模大型化对于提高煤化工的效率、改善煤化工的经济性是一条行之有效的途径。生产规模的大型化可以显著降低单位产品能耗、新鲜水用量和建设投资，从而降低生产成本，因此生产规模的大型化无疑是煤化工的重点发展方向（王孝峰和蔡恩明，2011）。大型关键装备如大型煤气化炉、大型反应塔器、大型换热器、大型压缩机、大型空分等是实现大型化的关键，已经在工业中得到了应用。

国内大型装备制造技术与国外有较大差距，中国近期颁布的《重大技术装备自主创新指导目录（2012 年版）》中明确了各行业需要突破的关键技术（表6-3），在大型煤化工成套设备中包括：大型气流床气化炉、高压煤浆泵、大型反应器、大型压缩机、大型空分、特殊阀门和大型褐煤提质成型成套设备，以及高温、高压、耐腐蚀、耐磨等特殊材料。

表6-3　大型煤化工成套设备关键技术

产品名称	类别	主要技术指标	需突破的关键技术
高压油煤浆进料隔膜泵	Ⅱ	出口压力 20MPa 以上，工作温度 290℃，固体含率 50%	1. 多支点、大推力动力端设计； 2. 特殊冲洗、密封结构的液力端设计； 3. 特殊介质工况下易损件寿命提高； 4. 电气、检测和控制系统设计
液化反应器离心循环泵	Ⅱ	出口压力 20MPa 以上，工作温度 480℃，固体含率 50%	耐磨结构、特殊密封结构、电气控制系统设计
长寿命高压差减压阀	Ⅱ	压差 20MPa，高固含率，气、液、固三相流体用，寿命 2000h 以上	材料、结构设计，抗冲击与耐磨集成技术
大型煤制燃料加氢反应器	Ⅱ	工作压力≥20MPa； 工作温度≥480℃； 内径≥5000mm	适用于高温、高压、耐腐蚀工况，需现场组焊试验的全套技术
大型气流床气化炉成套设备（煤制化肥）	Ⅱ	投煤量 1000t/d 以上，有效气成分：$CO+H_2>90\%$；碳转化率>99%；煤烧嘴使用寿命 8000h 以上	1. 烧嘴头部冷却结构，耐磨性能技术； 2. 气化反应温度控制技术； 3. 激冷方式优化技术
大型内压缩流程空气分离成套设备	Ⅱ	6 万 Nm^3/h 及以上	

与重大装备制造相关的还有能满足高温、高压等苛刻条件的特殊材料。在反应器大型化的过程中，反应器对材质的要求往往成为反应器大型化难以逾越的障碍，因此这也应该是煤化工重点发展的主要方向之一。

6.4.1.3 分质联产化

多联产的核心是不同产品生产工艺技术的优化耦合。多联产没有固定的模式，其核心是通过多种产品的联产，达到能量的梯级利用和原料的充分转化，使资源利用效率和经济效益最大化，同时实现环境友好。随着 CO_2 减排压力的加大，CCS/CCUS 技术的发展，煤电化联产技术、煤化电热联产技术、煤油化电热联产技术将可能在未来煤化工产业占有重要地位。以气化为龙头，将合成气化工与 IGCC 发电联合起来的多联产模式，不仅可以同时生产电力与煤化工产品（甲醇、烯烃等），并且可以在产品之间实现负荷调节，满足发电峰谷差的需求。以热解为龙头，将低阶煤分解为固体半焦、液体焦油和煤气，进而对气、液、固三种产品进一步深加工利用，实现煤的气、液、固组分的分质转化，也成为一种典型的多联产模式（甘建平等，2013）。陕煤化集团开发的以长焰煤热解为核心的煤分质利用多联产技术（图 6-1）、北京低碳清洁能源研究所开发的煤精炼（coalref）技术适用于中国绝大多数的低阶煤，代表着一种重要的技术发展方向。太原理工大学提出并正在进行中试的气化煤气与焦炉气共处理的双气头碳氢互补制取合成气的技术为实现原子经济性利用、减少 CO_2 排放和节水型的多联产提供了可能。全国首个煤分质综合利用项目-陕煤化集团内蒙古建丰煤化工有限公司大型煤热解-煤焦油加氢-焦粉气化联产化工产品项目，包括 380 万 t 煤热解、25 万 t 液化天然气、50 万 t 煤焦油加氢、16 亿 Nm^3 煤制合成气、20 万 t 醋酸等，预计 2014 年建成投产。随着热解与多联产技术走向成熟，分质多联产将成为低阶煤利用的重要趋势。

此外，顺鑫煤化工科技有限公司正在开发褐煤热溶催化新工艺，利用褐煤的化学组成结构特点，通过催化在溶剂体系中使褐煤在较温和条件下转化为清洁高热值的气、液、固产品以及高附加值化工产品，是褐煤分质高效利用的另一技术路线，目前在广东肇庆建成了 6.6t/d 的连续中试装置。

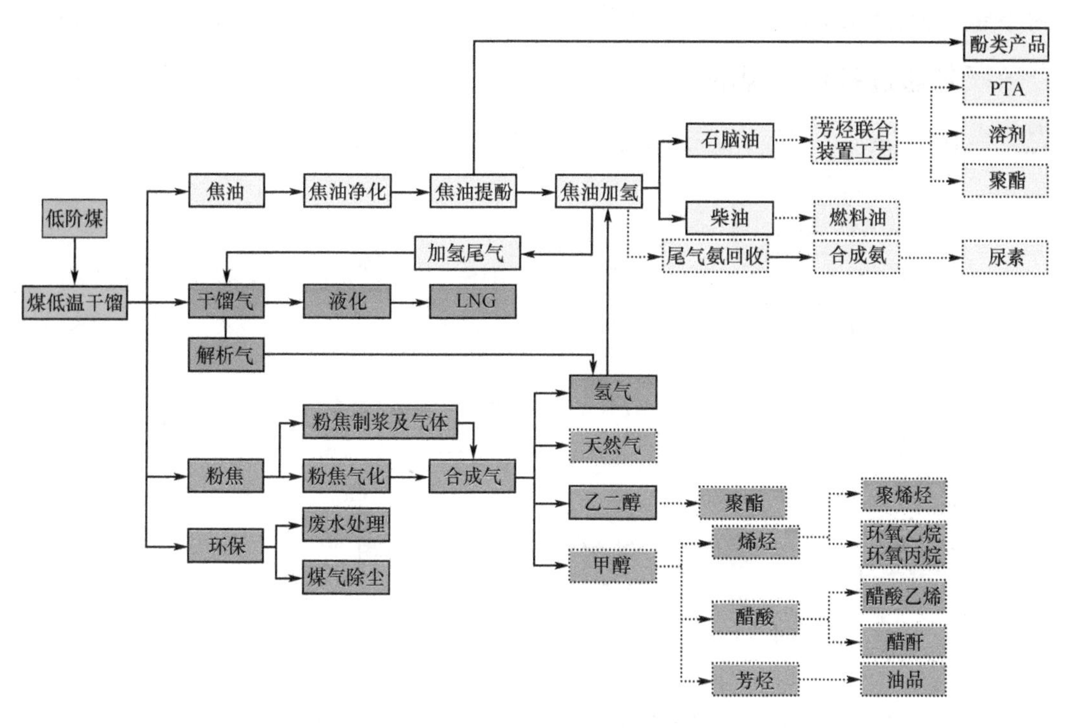

图 6-1　大型低阶煤分质清洁高效转化多联产项目产品链

6.4.1.4　原料多元化

煤油气综合利用体系是延长石油集团靖边工业园区启动项目，是全球第一家以煤、油、气为原料的综合性、大型化、资源综合利用且以节能减排与循环经济为突出特征的新型产业集群项目。该项目以榆林的煤、油田气、渣油为原料，建设 180 万 t 甲醇、150 万 t 渣油催化热裂解、60 万 t MTO、30 万 t PE、30 万 t PP 装置及配套的公用工程和辅助设施。预计 2014 年实现装置的安全稳定运行和达产达效。

该项目的主要特点在于打破了传统的煤化工、气化工和石油化工的单一模式，以煤、油田气、干气为原料生产甲醇，然后再进一步生产烯烃，实现了多种原料的优势互补。利用煤基合成气向油田气基合成气和催化裂化副产的干气补充其所缺的碳，降低煤制合成气的 CO 变换深度，降低 CO 变换和脱除 CO_2 的能耗，同时大幅度减少 CO_2 的排放量，大幅度提高煤的碳利用率（图 6-2）。通过多种先进技术的组合、创新和资源的优化配置，有效弥补煤制甲醇中“碳多氢少”和天然气制甲醇“氢多碳少”的不足，还将渣油裂解产生的干气用于生产甲醇，不仅大幅节约项目投资，而且通过各种资源的优势互补使生产甲醇的原料消耗大幅降低。被列为联合国“清洁煤技术示范和推广项目”。

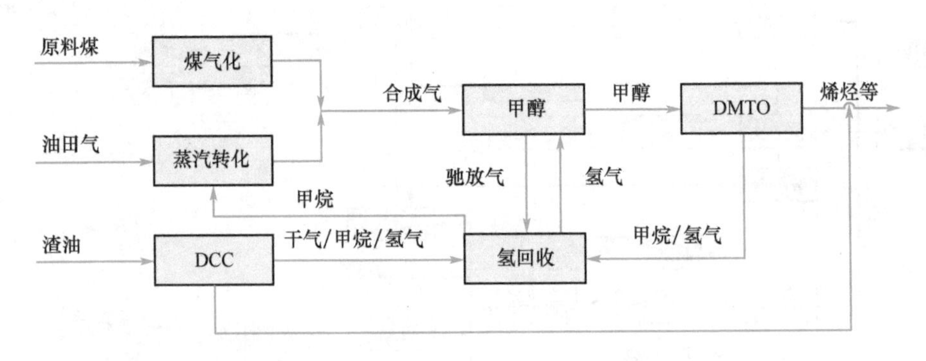

图 6-2　煤油气综合利用工艺路线图

6.4.1.5　洁净化

煤化工生产必须将各种先进的工艺技术、节能技术、节水技术、环境控制技术、温室气体减排技术等优化耦合综合实施，才能真正实现清洁生产。一是对已建成的各类示范项目工艺技术不断优化，在节能、减排、增效上下功夫；二是必须大力发展先进的节水技术，力争源头节水和减少工艺冷却过程中冷却水蒸发量，做好废水的净化回用，争取达到近零排放甚至零排放；三是大力发展 SO_x、NO_x、粉尘等的净化技术，做到废气的利用和无害排放；四是大力发展 CCS 技术、CCUS 技术、碳汇等，从根本上解决 CO_2 温室气体排放对气候的潜在影响（葛启明等，2010）。研究估算，如果所有煤气化环节均实现 CCS/CCUS，2015 年煤化工排放 CO_2 仅约 1.1 亿 t，2020 年排放仅约 1.3 亿 t，完全可以满足这两个时间节点的“煤化工 CO_2 排放空间”。

6.4.2　关键核心技术

6.4.2.1　大型煤气化技术

煤气化技术是现代煤化工的龙头，国内外已工业化的煤气化技术有 10

多种，国外技术主要有GE（原德士古，Texaco）水煤浆加压气化炉、Shell干煤粉气化炉、GSP干煤粉气化炉、Prenflo干煤粉气化炉、鲁奇碎煤加压气化炉、HTW流化床气化炉等；国内技术主要有多喷嘴对置式水煤浆气化炉、航天炉、清华水煤浆水冷壁气化炉、两段式干粉气化炉、灰熔聚气化炉等。气化炉直径2.8～5.0m，气化压力2.8～6.5MPa（GE炉高达8.7MPa），日进煤量1000～2000t。为适应超大型煤化工项目的要求，日处理煤量3000t以上的超大型气化炉正在开发之中，向更高气化压力发展。气化炉大型化可以提高冷煤气效率，降低能耗和单位产品投资。因此，今后应不断进行新技术、新装备、新材料的开发，进一步完善提高气化技术及配套设备的水平，提高国产化率。

6.4.2.2　煤直接液化技术

目前百万吨级的煤直接液化示范已经取得成功，其技术经济性尚未达到理想状态。在未来通过直接液化规模的放大，提高其经济性是目前直接液化发展的目标，而产业化进程中最核心的技术问题是大直径大容量液化反应器的设计和制造。此外油品质量有待提高。

6.4.2.3　煤间接液化技术

在18万t规模的煤间接液化示范已经完成的基础上，发展百万吨级规模的间接液化技术是该技术在石油替代战略中的重要举措。发展更大规模的间接液化，其催化剂性能和大型反应器的设计制造是其关键的技术难点。

兖矿榆林100万t煤间接法制油示范项目于2012年6月已开工建设，预计2015年建成。该项目由110万t煤间接液化装置和配套800万t煤矿组成，集煤炭开采、油、电、化一体化，煤间接液化技术采用三相浆态床低温费托合成技术。主要工艺配置见表6-4，工艺流程示意图如图6-3所示。

表 6-4 兖矿榆林 100 万 t 煤间接法制油示范项目主要工艺配置

装置名称	设计能力
1. 煤制合成气 煤气化 气体净化	791 300Nm^3/h（有效气 $CO+H_2$） 12 270t/d [水分（Mt）12.62%，灰分（Ad）9.84%] 809 100Nm^3/h（净化合成气）
2. 空分	320 000Nm^3/h（99.5% O_2）
3. 费托合成	100 万 t（公称）/a 油品
4. 低碳烃回收	处理费托尾气 120 000Nm^3/h
5. 尾气氢回收	25 000Nm^3/h（>99% H_2）
6. 油品加工精制	100 万 t/a 油品
7. 反应水分离	180t/h
8. 硫回收	5t/h
9. IGCC	60MW
10. 余热蒸汽发电	50MW

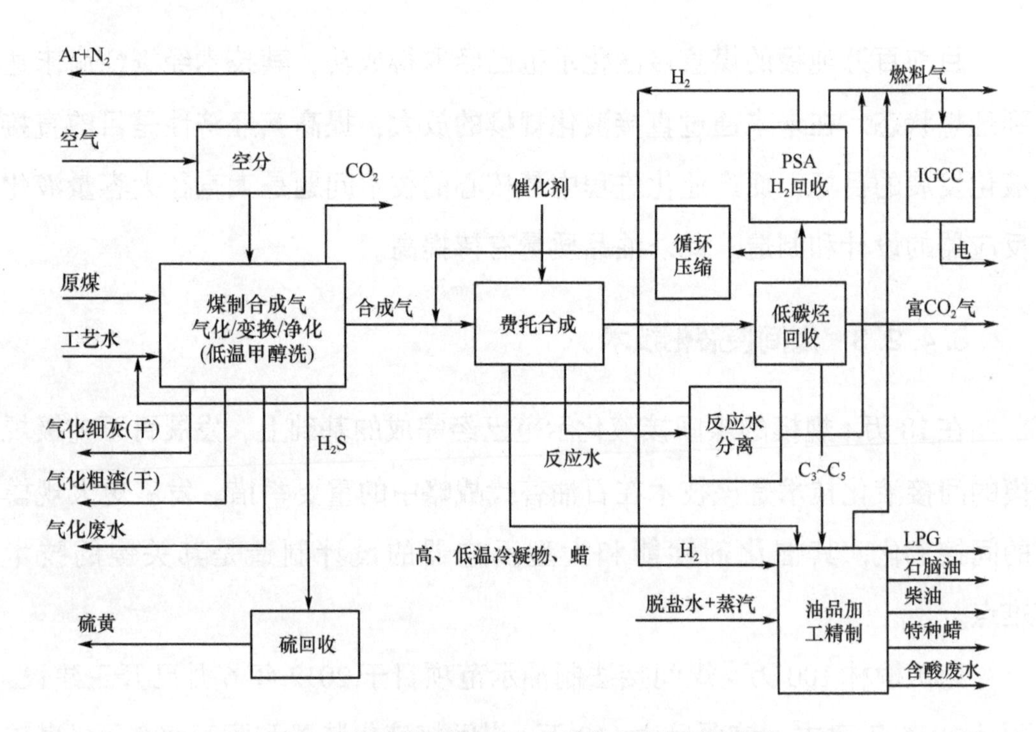

图 6-3 榆林煤间接液化工业示范项目流程示意图

该项目年产油品 114.5 万 t，包括柴油 79 万 t、石脑油 25.5 万 t 和液化石油气 10 万 t。吨油煤耗 4.52t（含原料煤和燃料煤），综合能耗

105.28GJ/t，计入电耗和副产在内的热能效率达45.4%。水利用率达到98.5%，吨油用水量9.62m^3，吨油能耗和用水量均达到国际先进水平。该项目吨油投资额为12 000元，其中合成气生产（包括气化、气体净化和空分）占65%左右，费托合成占20%左右，油品加工占15%左右。由此可见，要减少煤间接液化过程的投资，关键要降低合成气生产投资。以煤价200元/t计，兖矿榆林100万t煤间接液化制油工业示范项目的吨油成本约3000元，目前世界原油价格不低于100美元/桶，项目具有良好的经济效益。

6.4.2.4　煤经甲醇制烯烃第二代技术

神华集团60万t DMTO示范项目取得成功，中原石化20万t SMTO项目顺利运行，为新型煤化工的发展奠定了基础。目前DMTO一代工艺技术还需要不断优化完善。DMTO-Ⅱ已完成工业化试验，有待进行大型化工程示范，DMTO-Ⅱ可使烯烃产量提高，甲醇消耗降低10%以上；另外，新型高效催化剂的开发是进一步提高烯烃产量的关键。

6.4.2.5　煤制天然气技术

世界煤制天然气技术中的甲烷合成部分已经工业化的有丹麦托普索公司、英国戴维公司、德国鲁奇公司等，其技术核心是甲烷化催化剂和大型甲烷化反应器。2011年10月9日，中国科学院大连化物所5000Nm^3/d煤制天然气甲烷化工业中试装置在河南义马气化厂连续稳定运行超过1000h，目前此技术正在工业化设计阶段，距离产业化已经不远。目前国内首个40亿Nm^{3}煤制天然气项目一期工程已经开车试运营，并打通了全部流程，甲烷化主要技术和关键设备依靠从国外引进。今后应加快国内技术和产业化的步伐，尽早实现国产化。

6.4.2.6　煤制乙二醇技术

目前，中国的乙二醇的生产技术是以乙烯为原料的“石油路线”生产技术。自内蒙古通辽金煤化工有限公司20万t煤制乙二醇项目打通流程以来，陆续在建及建成多套20万t/a及以上规模的煤制乙二醇工业示范装置，中国煤制乙二醇技术位居世界前列。但仍然处于工业示范阶段，在长期满负荷运行稳定性、催化剂寿命、产品质量、工艺路线优化、能耗及排放等方面尚有诸多问题需要解决。

6.4.2.7　甲醇制芳烃技术

华电公司采用清华大学技术，在陕西榆林于2012年12月建成3万t级甲醇制芳烃工业试验装置，经过30多天的试运行，2013年1月27日经过72h现场考核，各项指标达到设计要求。下一步将建成百万吨级工业示范项目。

6.4.2.8　双气头联产技术

中国是焦炭生产大国，副产大量焦炉煤气。通过焦炉气与煤气化合成气两种气体调和，实现碳氢平衡，节约变换所消耗的能量，是原子经济化学的一种清洁煤转化技术（王林梅等，2010）。由太原理工大学开发的该技术已经完成小试，正在进行较大规模的中试。其关键的核心技术在于焦炉煤气重整和浆态床甲醇合成技术的开发。

6.4.2.9　低阶煤精炼技术

中国低阶煤已探明的储量超过煤炭总储量的一半以上，低阶煤是含有大量分子大小不同、结构各异的以C—H—O为主的化合物。因此，像加工石油一样对煤中所含的有机组分进行精炼，可以获得燃烧、气化等单一转化利用技术无法直接得到的高附加值化学品、液体燃料、气体燃料等产品，实现煤炭资源利用率、能源利用率以及经济效益的最佳。

在煤炭精炼过程中，原煤中的有害成分（S、N、Hg等）发生迁移。进入气相和液相的有害物质在深加工的过程中被工艺脱除，技术成熟且不增加设备与投资；留在固体产物中的有害物质将大幅度减少，无论是作为气化原料还是燃料，固体产物在利用过程中所产生的污染物将显著降低，尾气净化的成本也将因此显著下降，从而产生明显的经济效益和环境效益。中国由于煤炭利用所引起的环境问题突出，如果全国低阶煤都运用煤精炼技术进行分质转化和综合利用，该技术所带来的社会效益、环境效益是非常可观的。

该技术已经在国外完成工业化示范（ENCOAL Corporation，1993），北京低碳清洁能源研究所在其基础上已经完成针对中国低阶煤的工艺包设计，神华集团计划出资在内蒙古呼伦贝尔建设1000万t规模的煤精炼项目。其关键的核心技术在于单系列装置的大型化以及焦油加工的精细化技术的开发。

6.4.2.10 水煤浆管道输送技术

目前中国煤炭主要靠铁路和公路运输，运输成本高，运输能力不足，若将煤制成水煤浆采用管道输送，可以开辟一条新的运煤方式，与修建同等运力的铁路、公路相比，管道输煤工程的综合投资只有前者的1/3～1/5，经济效益十分显著（杨恩福，2013）。陕西煤化集团拟建设国内第一条由神木至蒲城730km长的煤浆长输管线示范项目，年输煤能力1000万t，预计2015年建成，是一项很有意义的示范项目。

6.4.2.11 现代煤化工的CCS/CCUS技术

现代煤化工以煤基合成气为中间原料气，煤气净化工艺过程中脱除的CO_2浓度高（>98%），大幅降低了CO_2捕集的成本，为CCS或者CCUS提供了契机。本书估算如果气化路径的CO_2可实现CCS/CCUS，则煤化工可整体减排70%的CO_2，因此重点发展煤化工的CCS/CCUS技术，可大幅减少温室气体排放对现代煤化工的制约，其关键在于经济可行的CCS和大规模的CCUS技术开发。

6.5 中国煤炭清洁高效转化的战略布局

中国幅员辽阔，煤炭分布极不均匀，各地水资源分布、环境容量、地区工业化水平、人民生活水平、民族组成也千差万别。因此除技术因素之外，规划布局必须考虑资源分布、生态环境和社会发展等综合因素，并结合中国有关产业政策，做好全国煤化工产业宏观的战略布局，指导煤化工的整体有序发展。

本书结合了国家发改委2006年下发的《国家发展改革委关于加强煤化工项目建设管理促进产业健康发展的通知》（发改工业［2006］1350号）、国务院2009年颁布的《关于抑制部分行业产能过剩和重复建设引导产业健康发展若干意见的通知》（国发［2009］38号）、2011年1月中共中央发布的《中共中央国务院关于加快水利改革发展的决定》（中发［2011］1号）和国家发改委2011年颁布的635号文件《关于规范煤化工产业有序发展的通知》，提出以下6点布局原则。

1）煤炭净调入省（自治区）严格限制发展煤化工，这是一项基本要求。以自给率作指标，该值越大相对越有利于发展煤化工。

2）煤炭资源越丰富发展煤化工的条件也就越充分，因此煤炭资源量尤其是探明资源量是布局煤化工的重要指标，该值越大相对越有利于发展煤化工。

3）战略布局具有长期性特点，如果某地区采煤周期不够长，从战略上认为其发展煤化工的必要性也相对较弱，因此储采比也是布局应考虑的一个辅助性指标，该值越大相对越有利于发展煤化工。

4）水资源作为约束煤化工的重要因素应充分考虑，地表水总量减去地表水的消耗量得到的余量可作为发展煤化工的潜在可供用水量的参考指标，是煤化工布局的重要指标，该值越大相对越有利于发展煤化工。

5）环境容量是限制煤化工的另一个重要因素，以某地区的行政面积除以该地区某项污染物一年的排放总量，可以粗略衡量该区环境的负担，为环境容量指标提供一个可量化参数。本书考虑了SO_2、粉尘和烟尘，该值越大相对越有利于发展煤化工。

6）考虑社会因素是本研究特点之一，某地区人均GDP越低，本书认为在条件允许的情况下就有通过发展煤化工的途径发展当地经济的优先性。以人均GDP的倒数作为指标，该值越大相对越鼓励发展煤化工。

设定权重总分为10分，根据以上布局原则的重要性，做如下分配：探明资源量，权重3分，储采比、自给率作为辅助指标，分别给1分和2分的权重；水和环境容量是环境约束条件，水资源的约束很重要，给2分权重；考虑到煤化工带来的污染在全国所占比例还比较小，因此环境容量给1分权重，其中又分配给SO_2（0.4分）、烟尘（0.3分）和粉尘（0.3分）；纳入社会因素是综合考虑问题的一种体现，但是过于落后地区由于基础设施等问题大力发展煤化工存在一定障碍，因此本书给地区经济水平指标分配1分的权重。

根据以上原则，采用中国统计年鉴2009年的统计数字，首先，按照自给率将所有省（自治区）划分为调入区（自给率小于0.6）、调出区（自给率大于1.0）和自给区（自给率为0.6～1.0），将调入区的省（自治区）筛除，得到有安徽、甘肃、贵州、河南、黑龙江、内蒙古、宁夏、山西、陕西、新疆、云南11个省（自治区）。自给率0.6以上的地区还包括青海、重庆与四川，但是这三个省份没有大型煤炭生产基地，因此也未在煤化工布局中考虑。从筛分的结果来看这些省份的煤炭基本都隶属于各大煤炭基地，包括新疆煤炭基地、“金三角”煤炭基地（山西、陕西、内蒙古、宁夏、甘肃）、蒙东煤炭基地、两淮煤炭基地、云贵煤炭基地和河南基地。其次，对各省份数据进行归一化处理，得出各省（自治区）在各指标上所获得的权重值，见表6-5。将每个省（自治区）各指标权重值相加即得到该省（自治区）发展煤化工的总权值，该值越大就表明在各种因素的约束下越有利于发展煤化工。

根据总权值排序，列在前五位的分别是内蒙古、新疆、陕西、山西和云南。与国家2012年的《煤炭深加工产业发展政策（送审稿）》中煤化工产业布局重点基本吻合。

以行政区域为布局点的优点在于具有可操作性，战略的具体实施、监管、统计可以通过行政管理得到落实，缺点是行政区域的划分与煤炭分布、水资源分布等没有必然联系，即使在某一行政区内资源的分布也不均匀，因此这种布局应该与资源分布的特点进一步结合，才更具科学性。煤化工产业布局应从有利于资源综合利用出发，根据发展需要可以考虑打破行政区划的限制，从更大范围进行规划布局。例如，能源“金三角”，本书认为应优先对陕西、甘肃、宁夏、内蒙古、山西五省（自治区）的相邻地区，煤、水、环境各种资源统筹规划，优势互补，优化发展。新疆基地地域辽阔，应对其煤炭资源根据分布特点区别规划。

表 6-5　各省（自治区）各指标的权值计算结果

项目	煤炭自给率	煤炭探明资源量	煤炭储采比	地表水富余量	SO_2 环境容量	烟尘环境容量	粉尘环境容量	经济水平	总权值
安徽	0.13	0.07	0.05	0.19	0.014	0.006	0.004	0.099	0.563
甘肃	0.11	0.04	0.12	0.05	0.047	0.042	0.041	0.126	0.576
贵州	0.16	0.16	0.07	0.37	0.013	0.014	0.015	0.157	0.959
河南	0.12	0.15	0.04	0.05	0.007	0.003	0.006	0.079	0.455
黑龙江	0.10	0.05	0.06	0.30	0.051	0.013	0.038	0.072	0.684
内蒙古	0.32	0.79	0.10	0.08	0.045	0.034	0.060	0.040	1.469
宁夏	0.15	0.08	0.08	0.00	0.009	0.071	0.012	0.075	0.477
山西	0.28	0.66	0.14	0.01	0.007	0.003	0.003	0.075	1.178
陕西	0.40	0.46	0.07	0.16	0.013	0.013	0.012	0.075	1.203
新疆	0.13	0.46	0.15	0.13	0.152	0.071	0.077	0.082	1.252
云南	0.08	0.07	0.11	0.66	0.043	0.029	0.032	0.120	1.144

6.6　中国现代煤化工产业技术路线图

研究结果表明现代煤化工是中国煤化工发展的方向，但是该新兴产业应该如何发展？发展的过程中会遇到什么挑战，又需要哪些资源和政策支持？作为国家的发展战略研究，应该从技术的角度对产业的发展蓝图做出比较清晰的规划设计，从整体上把握煤化工的发展方向。为此本书选取了煤制天然气、煤制油以及煤制烯烃三种子产业，根据相关领域专家讨论意见，并在专家问卷调查的基础上总结形成了技术路线图。规划时间截至 2030 年。

6.6.1　煤制天然气产业发展技术路线图

图 6-4 表明随着国内天然气管道的建设、低碳环保政策的实施以及能源需求的增长，预测国内对天然气的需求量将会大幅增长，中国天然气储量少，煤制天然气将会快速发展，预计 2015 年煤制天然气的总产能将达到 240 亿 Nm^3，2020 年 800 亿 Nm^3，2030 年 1500 亿 Nm^3。目前页岩气的开发前景还不明朗，大规模开发尚需时日，今后在较长时间内煤制天然气将可能对中国天然气市场起到重要的调节补充作用。

拥有甲烷合成技术的有托普索、戴维和鲁奇公司，国内的催化剂研发和工艺已具备工业化条件，预计 2017 年前后可完成工业化示范。此外，煤制天然气大规模工业化将会受水资源和环境承载力的约束，也会对技术提出更高要求。

政策方面应对煤制天然气给予支持或引导，近期比较重要的是人才培养和引进政策以及技术引进政策；未来通过产业规划引导、强化产业链建设、提供金融支持来保障商业化进程的顺利进行。其他配套政策如国家重大科技项目、基础设施建设、重点技术财税补贴等在不同的阶段也应给予重视。

6.6.2　煤制油产业发展技术路线图

图 6-5 表明中国今后对石油需求大幅增加，2020 年原油消费量将超过 6 亿 t，而国产原油仅能维持在 2 亿 t 左右，为发展煤制油补充市场缺口创造了条件。预计在 2015 年煤制油的总产能将达 350 万 t，2020 年 1400 万 t，2030 年约 2800 万 t。煤制油发展规模将受到产业准入门槛、资源和环境保

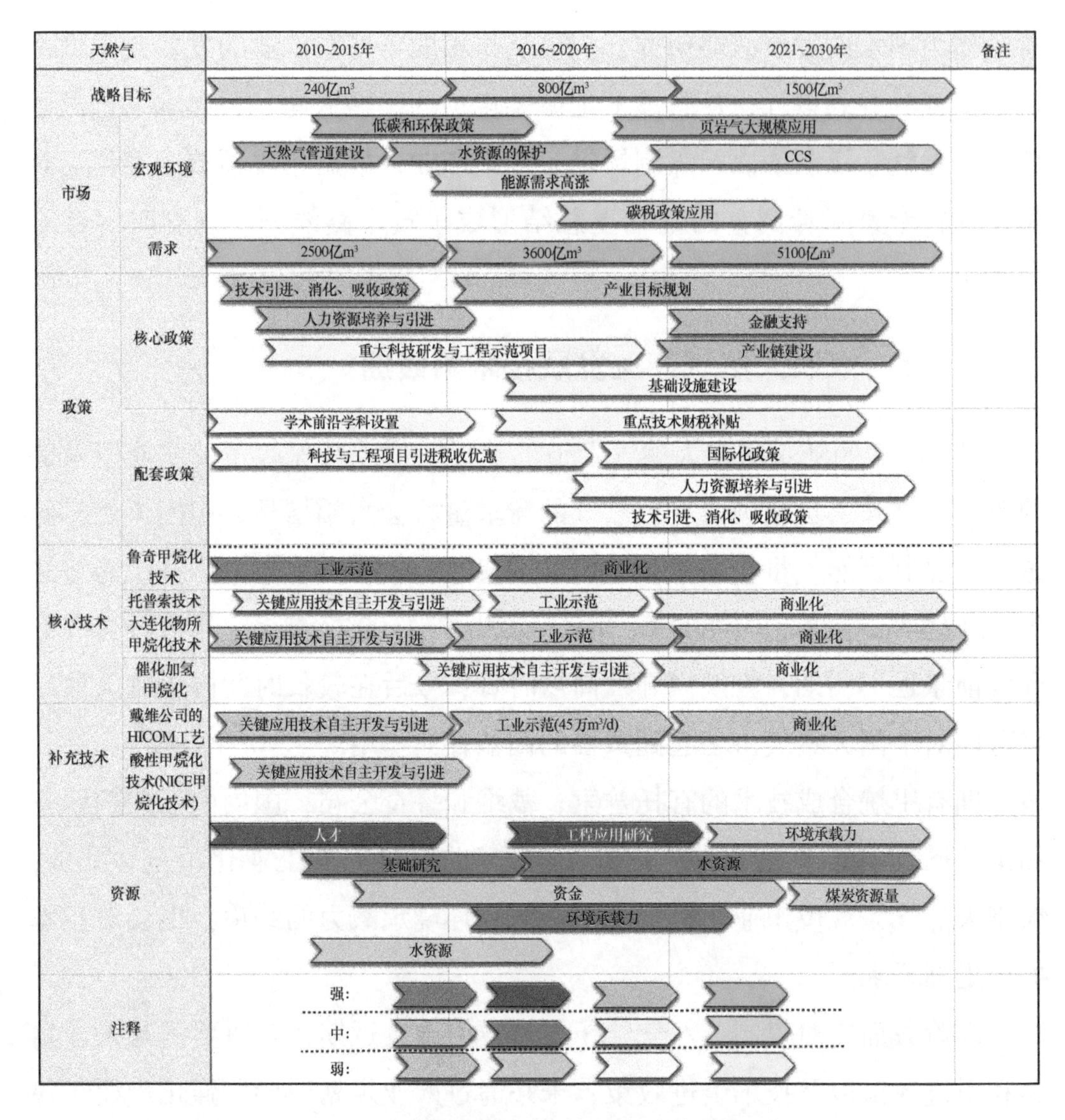

图 6-4　煤制天然气产业发展技术路线图

护的约束。未来碳税以及页岩气的逐步开发也可能会对煤制油行业产生一定影响。

煤制油最可行的技术主要有直接液化技术与间接液化技术，其中直接液化技术已经完成百万吨级工业化示范，2020 年前后可以完全商业化。间接液化技术已完成 16 万 ~ 18 万 t 级的工程示范，将是煤制油的主力技术，其所涉及的几种技术可能将在 2015 年前后完成引进或开发，2020 年前后完成百万吨级工业示范，之后实现商业化。除此之外，煤热解分质转化利用技术以及甲醇制汽油将有可能对煤制油有一定补充。可见，在完成商业化的进程中，煤制油的工业化应用研究将一直是产业发展的重要内容。

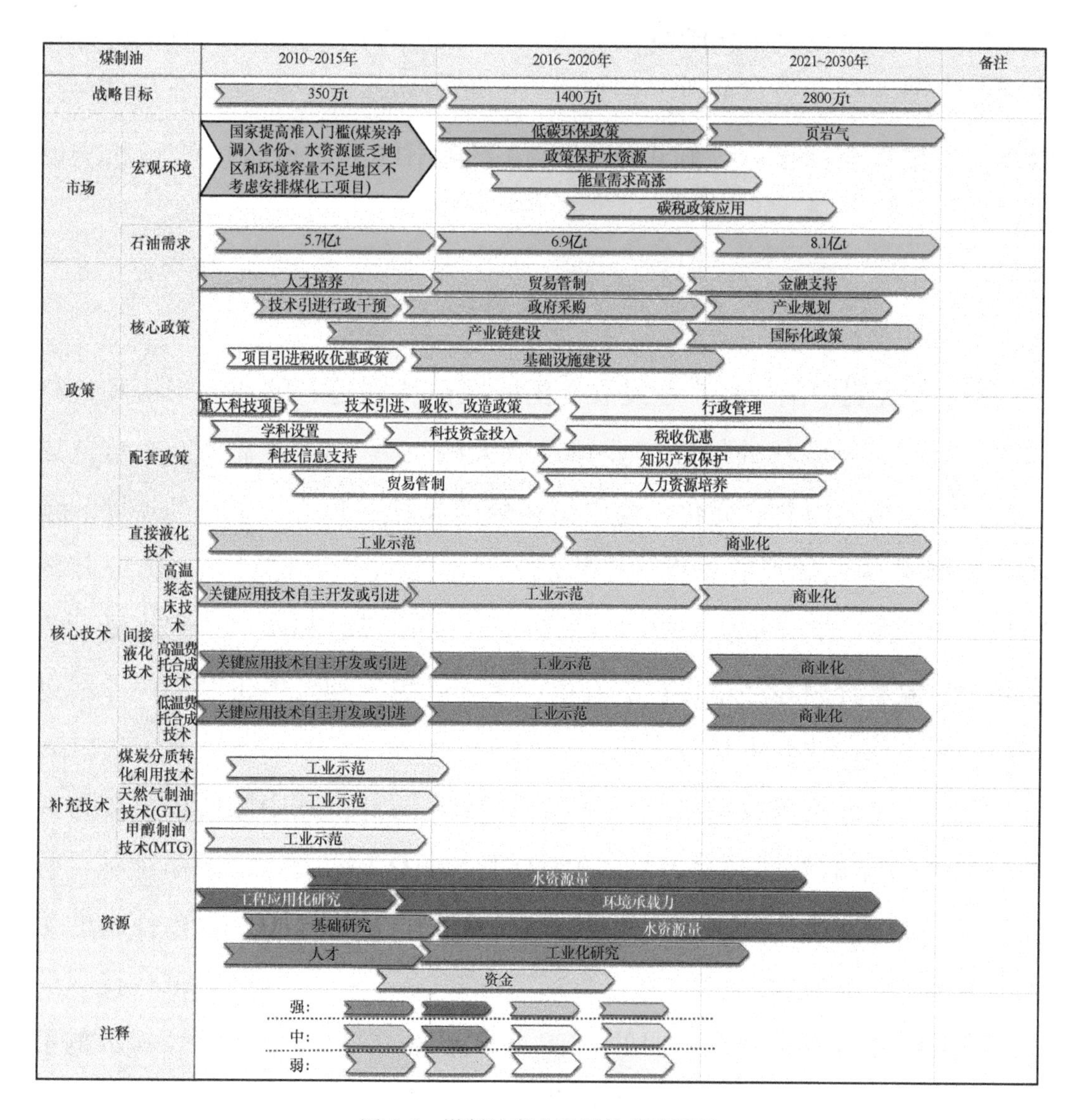

图 6-5　煤制油产业发展技术路线图

然而，大力发展煤制油对环境产生的影响不能忽略，未来水资源以及环境容量将是煤制油产业的主要制约因素。为促进技术的进步，大力培养煤化工人才、大力进行基础与工业化研究是 2020 年前主要需要投入的方向。

此外，还需要在政策方面给予支持或引导。路线图表明，人才培养政策以及针对引进技术的国家干预政策在近期比较重要；而打破国内石油贸易垄断，强化产业链的建设、基础设施的政策对煤制油的工业化示范成功将非常关键；而在商业化阶段，金融产业规划和国际化方向的政策将是完成商业化的重要保障。当然，与之相关配套的如国家重大科技项目、行政管理、科技资金的投入、知识产权保护等在不同的阶段也应给予相应的重视。

6.6.3 煤制烯烃产业发展技术路线图

图 6-6 表明中国烯烃产业发展受国际原油特别是石脑油的来源和价格制约，以石油为原料的烯烃产业很难有大的发展，煤制烯烃工业示范成功，实现了烯烃原料多元化，为中国烯烃产业发展开辟一条新的道路。预计在2015 年煤制烯烃的总产能将达450 万 t，2020 年1000 万 t，2030 年约2000 万 t。然而在这种发展的同时面临着一系列威胁和挑战，它将受到产业准入门槛、资源和环境保护的约束，未来碳税、国外廉价制烯烃原料进口都可能对该行业产生显著影响。

煤基烯烃的关键技术主要有 MTO 和 MTP 两种，其中能够提供较为成熟的 MTO 技术的专利商有 3 个，DMTO 和 SMTO 都经过了工业示范项目的验证，进入商业推广和技术升级阶段；UOP/HYDRO MTO/OPC 技术的工业示范项目正在建设之中。全球范围内能够提供相对成熟的 MTP 技术的专利商有两家，其中鲁奇公司的 MTP 技术已经在 46 万 t/a 烯烃的示范工厂得到了验证，还需要进一步优化升级与稳定运行。而 FMTP 技术取得了万吨级工业试验成果，目前正在建设工业示范项目。在 2020 年前后，煤基烯烃技术预计会发展到商业推广阶段。

煤基烯烃技术面临着碳排放高、新鲜水用量大等问题，因此，需要在节水和 CO_2 减排技术上下功夫，加大资源投入进行工业化研究应是 2020 年前的主要发展方向，力争在先进的碳捕捉、节能节水技术上有所突破，以保障煤基烯烃产业的稳步发展。

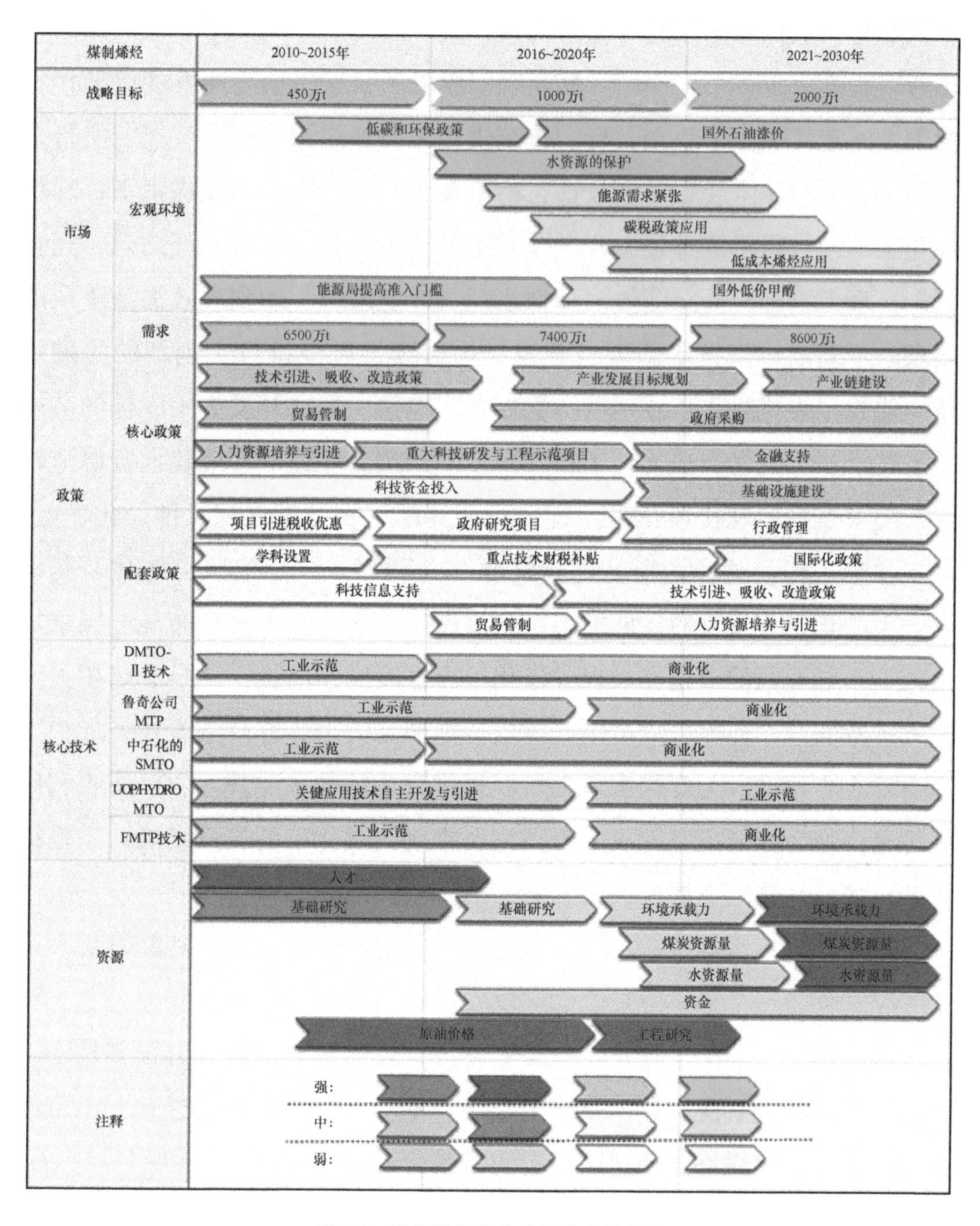

图 6-6　煤制烯烃产业发展技术路线图

6.7　小结

根据我国以煤为主的能源结构特点，面对石油对外依存度接近60%的严峻形势，从保障国家能源安全出发，最大限度满足国民对石化产品需求不断增长的要求，“十二五”及今后一段时期，积极稳妥地发展以替代石油为主的现代煤化工势在必行。传统煤化工要加快淘汰落后产能，实行总量控制，加快技术装备升级改造，力争在5年内达到国际先进水平；现代煤化工继续进行示范升级，改进完善工艺技术，稳定运行达产达效，完善安全、环保措施，提高能效，降低水耗，节能减排，达到高效清洁生产的要求。不断加快新技术新装备开发，为后续发展提供自主创新的先进技术，使我国现代煤化工总体保持世界领先地位，大力开发应用先进的节能节水技术，污染物资源化利用和减排技术，按循环经济模式建设资源节约型、环境友好型现代煤化工。打破行业界限，积极发展煤、油、化、电、热多联产工程示范，大幅度提高资源综合利用效率。按照一体化、基地化、集约化、大型化的发展模式，认真做好现代煤化工规划布局。国家加强政策引导和调控，是保障现代煤化工有序发展的前提，尽早制定相关产业政策及安全、环保、清洁生产等规范标准。大力培养高端人才，加快工程研发中心建设，为现代煤化工发展提供有力的技术支撑。CO_2回收利用减排亟待作为专题研究解决，否则将严重制约煤化工的长远发展，一旦征收碳税将对煤化工发展造成很大冲击。

总之，现代煤化工是技术密集型、资金密集型、人才密集型新兴产业。要理性发展、科学发展、有序发展、可持续发展，不可操之过急，更不能一哄而上。当前还处在示范探索阶段，发展需要过程，有很多技术经济问题需要研究解决，任何事物的发展，都会有一个曲折的过程，不可能是一帆风顺，要做好长期努力的思想准备。

第 7 章 中国煤炭洁净高效转化战略措施与建议

通过以上分析，本书认为中国有充足的理由大力发展煤化工，以满足国家不断增长的物质需求，保证国家的能源安全，煤化工也正处于历史上最好的发展机遇期。但是中国的煤化工发展存在着很多尖锐的问题和潜在的风险。因此，要保障中国煤化工的健康发展，国家必须有清醒的认识，并且发挥主要的引导作用。

7.1 煤化工产业政策分析

1996 年 12 月 1 日《中华人民共和国煤炭法》（中华人民共和国主席令第七十五号）开始实施，其中明确提倡和支持煤矿企业和其他企业发展煤电联产、炼焦、煤化工、煤基建材等，进行煤炭的深加工和精加工。

之后，中国煤化工进入粗放的大发展时期，到 2003 年年底，电石、铁合金和焦炭三个行业的生产能力已远远超出当时和行业预测的近期市场需求，呈现产能严重过剩局面，不仅造成社会资源的浪费，企业也面临巨大的经营风险。2004 年，《国务院办公厅转发发改委等部门关于对电石和铁合金行业进行清理整顿若干意见的通知》（国办发明电［2004］22 号）和国家发改委会同财政部等九个部门联合下发的《关于清理规范焦炭行业的若干意见的紧急通知》（发改产业［2004］941 号）要求各地政府组织有关部门对本地区电石、铁合金、焦炭行业的生产企业和在建、拟建项目进行认真清理整顿。5000kV·A 以下的电石炉、3200kV·A 及以下的铁合金矿热炉（特种铁合金电炉除外）和 $100m^3$ 以下的铁合金高炉，及敞开式电石炉、土焦炉（含各种改良焦炉）要坚决依法淘汰并进行废毁处理，决不允许以任何理由保留和恢复，拉开了全国淘汰落后产能、抑制煤化工发展的序幕。

然而，到2006年电石、焦化的产能扩张并没有得到有效控制，又出现了新的问题，即甲醇、二甲醚的产能建设呈现出盲目扩张的势头，由于技术落后引起的耗水问题也引起了社会的关注。2006年7月《国家发展改革委关于加强煤化工项目建设管理促进产业健康发展的通知》（发改工业［2006］1350号），要求各地区、各部门从全局的高度、长远的角度，加强煤化工产业发展管理，提出了先核准规划再核准项目、量水而行等管理规定。1350号通知建议应稳步推进工业化试验和示范工程的建设，加快煤制油品和烯烃产业化步伐，适时启动大型煤制油品和烯烃工程建设，并提出300万t煤制油、100万t甲醇二甲醚项目和60万t煤制烯烃的准入门槛建议。至此，现代煤化工项目建设纳入国家发改委核准管理的范围，地方无权批准项目，目前国家正在制定煤化工发展规划和相关产业政策，准入条件会更加严格。

2009年，产能过剩和重复建设的问题尚未得到根本解决，现代煤化工规划热潮开始出现。2009年9月国务院批转了国家发改委等10部门联合颁发的《关于抑制部分行业产能过剩和重复建设引导产业健康发展若干意见的通知》（国发［2009］38号），对于煤化工部分，该通知明确指出近年来，一些煤炭资源产地片面追求经济发展速度，不顾生态环境、水资源承载能力和现代煤化工工艺技术仍处于示范阶段的现实，不注重能源转化效率和全生命周期能效评价，盲目发展煤化工。一些地区盲目规划现代煤化工项目，若不及时合理引导，势必出现“逢煤必化、遍地开花”的混乱局面。要求严格执行煤化工产业政策，遏制传统煤化工盲目发展的势头，今后三年停止审批单纯扩大产能的焦炭、电石项目。禁止建设不符合《焦化行业准入条件（2008年修订）》和《电石行业准入条件（2007年修订）》的焦化、电石项目。综合运用节能环保等标准提高准入门槛，加强清洁生产审核，实施差别电价等手段，加快淘汰落后产能。对焦炭和电石实施等量替代方式，淘汰不符合准入条件的落后产能。对合成氨和甲醇实施上大压小、产能置换等方式，降低成本、提高竞争力。稳步开展现代煤化工示范工程建设，今后三年原则上不再安排新的现代煤化工试点项目。该通知要求严格项目审批管理，原则上不再批准扩大产能的项目，不得下放审批权限，严禁化整为零、违规审批，在项目的审批力度上采取了严厉措施。

国发［2009］38号通知对加强宏观调控和引导，抑制煤化工产业的盲目发展发挥了积极作用，但有些地方仍存在不顾条件大上煤化工的问题，且引发的不良后果已经开始显现。为了全面贯彻落实国务院通知精神和“十二五”规划纲要的要求，进一步规范煤化工产业有序发展，2011年3月国家发改委发布了《国家发展改革委关于规范煤化工产业有序发展的通知》（发改产业［2011］635号），重申在国家相关规划出台之前，暂停审批单纯扩大产能的焦炭、电石项目，禁止建设不符合准入条件的焦炭、电石项目，加快淘汰焦炭、电石落后产能；对合成氨和甲醇实施上大压小、产能置换等方式，提高竞争力。煤化工示范项目要建立科学、严格的准入门槛；明确禁止建设年产50万t及以下煤经甲醇制烯烃项目，年产100万t及以下煤制甲醇项目，年产100万t及以下煤制二甲醚项目，年产100万t及以下煤制油项目，年产20亿Nm^3及以下煤制天然气项目，年产20万t及以下煤制乙二醇项目。同时强调，上述标准以上的大型煤炭加工转化项目，须报经国家发改委核准；并要求强化要素资源配置，切实落实《中共中央国务院关于加快水利改革发展的决定》（中发［2011］1号）文件精神，加强水资源和水源地保护，严格控制缺水地区高耗水煤化工项目的建设、落实行政问责制，各有关部门及金融机构要按照国发［2009］38号文相关要求，认真履行职责，依法依规把好土地、节能、环保、信贷、产业政策和项目审批关，被认为是史上最严厉的煤化工政策。

2012年5月国家发改委下发各省（自治区）《煤炭深加工示范项目规划（征求意见稿）》，进一步明确了“十二五”期间，中国将在煤炭液化、煤制天然气、煤制烯烃、煤制合成氨-尿素（单系列100万t合成氨）、煤制乙二醇、低阶煤提质、煤制芳烃等七大板块安排重大示范项目。到2015年，基本掌握年产100万~180万t煤间接液化、13亿~20亿Nm^3煤制天然气、60万~100万t煤制合成氨、180万t煤制甲醇、60万~100万t煤经甲醇制烯烃、20万~30万t煤制乙二醇，以及100万t低阶煤提质等大规模成套技术，具备项目设计建设和关键装备制造能力。

涉及煤化工行业的政策很多（表7-1），无法一一在此详细解读，但基于国家出台的煤化工相关产业政策和我国当前的能源结构与能源形势分析，本书认为，国家对煤化工的发展总体上谨慎支持，近期发展原则以示范为主，待技术成熟后适度扩大规模，有序发展。预计今后政策仍以示范类为主，严控煤化工发展规模和速度，充分考虑资源与环境承载力，进一步提高准入条件，同时对示范项目和重点项目给予技术支持与优惠政策。

表7-1　近期颁布的有关煤化工产业的规划与政策

序号	文件名称	发布单位	发布时间
1	中华人民共和国煤炭法	人大常委会	1996-12
2	国务院办公厅转发发展改革委等部门关于对电石和铁合金行业进行清理整顿若干意见的通知	国务院办公厅［2004］22号	2004-5
3	关于清理规范焦炭行业的若干意见的紧急通知	国家发改委［2004］941号	2004-5
4	关于促进煤炭工业健康发展的若干意见	国务院	2005-6
5	国家发展改革委关于加强煤化工项目建设管理促进产业健康发展的通知	国家发改委［2006］1350号	2006-7
6	能源发展“十一五”规划	国家发改委	2007-4
7	中国的能源状况与政策	国务院	2007-12
8	关于抑制部分行业产能过剩和重复建设引导产业健康发展若干意见的通知	国务院［2009］38号	2009-9
9	中共中央国务院关于加快水利改革发展的决定	中共中央、国务院	2011-1
10	关于规范煤化工产业有序发展的通知	国家发改委	2011-3
11	石油和化学工业“十二五”发展指南	石化联合会	2011-5
12	国家环境保护“十二五”科技发展规划	环境保护部	2011-6
13	国家能源科技“十二五”规划	国家能源局	2011-12
14	工业转型升级规划（2011~2015年）	国务院	2012-1
15	煤炭工业发展“十二五”规划	国家发改委	2012-3

续表

序号	文件名称	发布单位	发布时间
16	“十二五”煤炭深加工示范项目规划（征求意见稿）	国家发改委	2012-5
17	石化和化学工业“十二五”发展规划	工业和信息化部	2011-12-13
18	天然气发展“十二五”发展规划	国家发改委	2012-10-22
19	能源发展“十二五”规划	国务院	2013-1-1
20	煤层气产业政策	国家能源局	2013-3

7.2　煤化工产业政策建议

1）尽早出台操作性强的煤炭深加工产业政策，制定煤化工产业规划、明确技术发展路线图，严格产业准入条件，规范煤化工产业的科学有序发展。制定煤基液体燃料（汽柴油）消费税减免政策，扶植现代煤化工产业的发展。

2）制定政策，打破电力、石油、石化、煤炭等行业界限，建设高起点高水平的煤、油、化、电、热相关产业多联产一体化体系，最大限度提高资源综合利用效率。

3）制定坚持市场配置资源的政策，并以此为核心引导煤化工的健康发展。

4）在国家煤炭资源规划用量、用水消耗规划、CO_2 排放规划等方面为现代煤化工的发展合理预留空间。

5）加大煤化工高新技术研发力度和高素质煤化工人才的培养力度，为煤化工的可持续发展奠定基础。建议设立煤化工重大研究专项、实验室、工程中心等。

6）尽早启动西线南水北调方案研究及工程实施规划，长远解决西部能源富集区能源化工、经济和社会发展的水源问题。

7.3 煤化工产业措施建议

1）有关部门采取有力措施，加快能源“金三角”、新疆、山西、西南、蒙东等五大能源化工基地的建设。

2）各有关部门应尽早研究制定煤化工清洁生产的标准体系、煤化工项目立项的评估方法体系。

3）制定煤化工产业的节能、节煤、节水、减碳的实施规划、技术路线图，积极采用先进技术和装备，如空冷节水技术、废水零排放技术、低位热能利用技术、高效节电技术、“三废”资源化技术、大型装备制造技术等。

4）减免进口节能、节水、减排先进技术和设备的关税，支持煤炭清洁高效转化技术的发展。

5）重点支持企业技术开发和产业化示范，并给予技术开发和产业化示范费用支持，鼓励民营企业参与煤转化相关技术开发工作。

6）中国低变质煤储量和产量很大，建议加强低变质煤高效清洁可持续利用系统工程专题研究和工程示范。

7）国家鼓励有条件的地区和煤化工企业积极开发 CO_2 回收和利用技术，如碳汇、地下封存、CO_2 驱油、CO_2 制化学品等技术。

参 考 文 献

安福 . 2010. 中东与中国乙二醇竞争力分析 . “十二五”我国煤化工行业发展及节能减排技术论坛文集 .
白金锋，徐君 . 2011. 捣固炼焦——解决优质炼焦煤短缺的重要发展方向 . 鞍钢技术，370（4）：1-4.
陈继军，韩伟林，周海辉 . 2011-01-17. 煤焦油轻质化为“煤代油”战略提速 . 中国化工报，第 4 版 .
程宗泽，张十川 . 2009. 新型煤化工产业发展近况与思考 . 煤，18（6）：39-42.
董大忠，邹才能，杨桦，等 . 2012. 中国页岩气勘探开发进展与发展前景 . 石油学报，33：107-114.
冯玉虎 . 2013. 甲醇制汽油工艺浅析 . 广州化工，41（5）：37-39.
甘建平，马宝岐，尚建选 . 2013. 煤炭分质转化理念与路线的形成和发展 . 煤化工，（1）：3-6.
高晋生，谢克昌 . 2010. 煤的热解、炼焦和煤焦油加工 . 北京：化学工业出版社 .
葛启明，杜彦学，袁善录，等 . 2010. 煤化工工艺过程 CO_2 排放分析及减排技术 . 煤化工，6：25-26.
龚华俊 . 2010. “十二五”期间我国煤制烯烃产业发展的几点建议 . 化学工业，28（2-3）：1-7.
郭田敏 . 2007. 浅析降低电石生产能耗的影响因素 . 科学之友，9：145-146.
国家统计局能源统计司 . 2012. 中国能源统计年鉴 2012. 北京：中国统计出版社 .
国务院新闻办公室 . 2012.《中国的能源政策（2012）》白皮书（全文）. http：//www. gov. cn/jrzg/2012-10/24/content_ 2250377. htm. 2012-10-24.
韩红梅 . 2010. 我国合成氨工业进展评述 . 化学工业，28（9）：1-5.
郝西维，张军民，刘弓 . 2011. 甲醇制烯烃技术研究进展及应用前景分析 . 洁净煤技术，17（3）：48-51.
侯杰 . 2010-04-21. 氯碱行业如何应对限汞大限？中国环境报，第 6 版 .
胡召芳 . 2007. 绝热管壳复合型甲醇合成反应器的应用 . 安徽化工，5（33）：42-46.
黄金干 . 2006. 焦化行业 2005 年运行情况回顾及 2006 年发展态势展望 . 中国煤炭，（4）：8-11.
加璐，安林红，张兵 . 2012. 中东油气产业现状与发展前景 . 当代石油化工，（2）：38-45.
姜国平 . 2011. 密闭半密闭电石炉节能降耗途径浅析 . 石油化工应用，3（30）：81-84.
兰德年 . 2008. 钢铁行业节能减排方向及措施 . 冶金管理，7：25-30.
李阳丹 . 2011-11-14. 煤制烯烃示范项目将适度升级 . 中国证券报，第 A09 版 .
李忠，谢克昌 . 2011. 煤基醇醚燃料 . 北京：化学工业出版社 .
刘贞，朱开伟，阎建明，等 . 2013. 以炼油行业为例对石油化工行业碳减排进行情景设计与分析评价 . 石油学报（石油加工），29（1）：137-144.

漆萍 . 2012. 我国首个煤制天然气项目通过大负荷试验 . 炼油技术与工程，(10)：8.

沈桓超 . 2008. 煤制油项目的经济性分析 . 国务院发展研究中心《调查研究报告》总 3082 号 .

石明霞，王天亮，时锋 . 2010. 甲醇生产技术新进展与市场分析及预测 . 化工科技，18（4)：71-75.

孙启文，谢克昌 . 2012. 煤炭间接液化 . 北京：化学工业出版社 .

谭恒俊 . 2012. 我国化工甲醇行业现状与发展建议 . 科技资讯，20：160-161.

童克难 . 2013-07-02. 合成氨工业水污染物排放新标开始实施三成多落后产能要淘汰 . 中国环境报，第 6 版 .

王林梅，李政，冯明豪，等 . 2010. “双气头”多联产系统的能值评估 . 动力工程学报，30（10)：798-802.

王孝峰，蔡恩明 . 2011. 我国煤化工产业现状及发展趋势解析 . 中国石油和化工经济分析，12：20-24.

王亚平 . 2011-04-02. 需求有限倒逼化肥企业重寻路径 . 中国经济导报，第 5 版 .

吴玉萍 . 2011. 合成氨工艺（第二版）. 北京：化学工业出版社 .

吴域琦，冯向法 . 2007. 甲醇燃料——最具竞争力的可替代能源 . 中外能源，12（1)：16-23.

吴占松，马润田，赵满成 . 2007. 煤炭清洁有效利用技术 . 北京：化学工业出版社 .

肖海成，孔繁华 . 2002. 甲醇合成反应器概述 . 云南化工，4（29)：20-25.

谢克昌，赵炜 . 2012. 煤化工概论 . 北京：化学工业出版社 .

谢克昌 . 2005. 煤化工发展与规划 . 北京：化学工业出版社 .

徐向春 . 2007. 中国钢铁消费峰值探讨 . http：//finance. sina. com. cn/review/observe/20070307/18583385510. shtml. 2007-03-07.

颜新华，王玮，何赪珂 . 2013-08-26. 世界首套万吨级煤基甲醇制芳烃工业试验成功观察 . 中国电力报，第 1 版 .

杨恩福 . 2013. 水煤浆的开发利用与运输 . 科技传播，(1)：168-169.

张蕾 . 2010-09-25. 站在中国能源化工发展战略的新高地 . 中国经济导报，第 B02 版 .

张玉 . 2012. 科学发展规范运作努力开创电石行业新局面 . http：//old. cciac. org. cn/zcfg_show. asp? id=8612. 2012-07-10.

张玉卓 . 2011. 煤洁净转化工程——神华煤制燃料和合成材料技术探索与工程实践 . 北京：煤炭工业出版社 .

赵剑峰 . 2011. 低碳经济视角下煤炭工业清洁利用分析及政策建议 . 煤炭学报，36（3)：514-518.

中华人民共和国国家统计局 . 2013. 中国统计年鉴 2013. 北京：中国统计出版社 .

周士义，李杰 . 2011. 甲醇合成技术进展 . 化工科技，19（5)：73-76.

周颖，李晋平 . 2011，煤的石油替代与补充：方向及挑战分析 . 煤化工，(3)：10-12.

周张锋，李兆基，潘鹏斌，等 . 2010. 煤制乙二醇技术进展 . 化工进展，29（11)：2003-2009.

朱贵锋 . 2011. 低水分熄焦技术及应用 . 金属材料与冶金工程，39（4）：53-55.

BP. 2011. BP Statistical Review of World Energy June 2011.

ENCOAL Corporation. 1993. ENCOAL Mild Coal Gasification Demonstration Project.

Reed T B，Lerner R M. 1973. Methanol：A versatile fuel for immediately use. Science，182（4119）：1299-1304.

U. S. Department of Energy. 2006. Practical Experience Gained During the First Twenty Years of Operation of the Great Plains Gasification Plant and Implications for Future Projects.

World Bank. 2013. World Bank Commodity Price Data. http：//econ. worldbank. org. 2013-05-06.

致　谢

《煤洁净高效转化》是中国工程院重大咨询项目“中国煤炭清洁高效可持续开发利用战略研究”之“煤洁净高效转化”子课题项目组全体参与人员的共同成果。

在组长谢克昌院士、副组长袁晴棠院士、贺永德教授、刘科教授、张庆庚教授的带领下，本课题组开展了卓有成效的系统调查与研究，项目开展的整个过程分工明确、组织条理、进度科学。项目立项以来，共举办各种实地调研、进展汇报、成果交流等活动25余次，参会专家600多人次，共收到材料400多万字，最后凝练形成19份煤化工主要产品报告以及《煤洁净高效转化》和《煤洁净高效转化课题研究简要报告》共21份。执笔单位北京低碳清洁能源研究所田亚峻博士及其团队成员武娟妮、芦海云、张媛媛在刘科博士的带领下在项目管理、汇总凝练等方面作了非常主要的突出贡献。陕西煤业化工集团有限责任公司的张相平、尚建选以及赛鼎工程有限公司的崔晓曦在项目辅助管理方面所给予的协助对保障该项目的研究起了非常关键的作用。在综合报告的定稿阶段谢克昌院士、袁晴棠院士、贺永德教授对报告中的观点、数据、语言甚至标点符号等都做了巨细把关，保障了研究成果的质量。

陕西煤业化工集团有限责任公司、神华集团、赛鼎工程有限公司、中国石油化工集团公司、西北大学、太原理工大学、大连理工大学、中海油新能源研究院、上海兖矿能源科技研发有限公司、华陆工程科技有限责任公司、西安西化热电氯碱化工有限责任公司、陕西渭河煤化工集团有限责任公司、陕西榆林北元化工厂、陕西榆林富有化工厂、延长石油集团、顺鑫煤化工科技有限公司、太原煤气化公司等单位大力支持了该工作。参加各种材料撰写的专家共50余位，正是建立在他们认真且辛苦的劳动基础上，本书才得以高质量完成，附录详细列数了煤洁净高效转化子课题所完成的报告以及付出辛苦的作者。

感谢那些在本课题执行过程中给予大力帮助、来自各条战线的专家、学者以及工作人员：中国工程院的康金城、宗玉生、刘玮、赵文成等在配合项目管理方面给予了积极的配合；北京低碳清洁能源研究所的冯英杰(实习)、刘爱国、崔鑫和孔德婷在报告整理与综合阶段给予了大力的支持；清华大学的周源老师、许冠南老师帮助制定了现代煤化工的技术路线图；中石化的刘佩成教授成为本报告提供了关于石油化工方面的参考资料；中国煤炭地质总局的王佟为本报告提供了关于中国煤炭与水资源分布的参考资料。在此向他们致以最衷心的谢意！

附　　录

表 1　煤洁净高效转化课题完成的专题报告及编写作者

编号	专题报告名称	撰写作者	参与单位
1	煤洁净高效转化课题研究报告	谢克昌，田亚峻，刘科，贺永德，张庆庚，袁晴棠等	
2	煤洁净高效转化课题研究简要报告	谢克昌，田亚峻，尚建选，刘科，贺永德，袁晴棠，张庆庚等	
3	中国合成氨产业综合研究报告	张小军，安宏伟，李永华，田亚峻，张相平，尚建选，贺永德	陕西渭河煤化工集团有限责任公司； 北京低碳清洁能源研究所 陕西煤业化工集团有限责任公司
4	中国电石产业综合研究报告	应美玕，王克文，陶增智，许可，杨亮，赵权，张宇，刘碧伟，张建雄，张相平，田亚峻，尚建选，贺永德	华陆工程科技有限责任公司 西安西化热电氯碱化工有限责任公司 北京低碳清洁能源研究所 陕西煤业化工集团有限责任公司
5	中国中低温热解半焦产业综合研究报告	任沛建，王会民，周安宁，张秋民，杨廷军，何德民，张亚婷，吕子胜，马宝岐、杨占彪，刘利，赵社库，马晓迅，马志超，孙鸣，陈静升，冯光，张相平，田亚峻，尚建选，贺永德	神木富油能源科技有限公司 西北大学 大连理工大学 西安科技大学 陕西煤业化工集团神木天元化工有限公司 上海胜帮公司 陕西煤业化工集团有限责任公司 北京低碳清洁能源研究所

续表

编号	专题报告名称	撰写作者	参与单位
6	中国煤基甲醇产业综合研究报告	张庆庚，武麦桂，李好管，谷磊，崔晓曦，朱琼芳，田亚峻，武娟妮，芦海云，刘科	赛鼎工程有限公司 北京低碳清洁能源研究所
7	中国煤基烯烃产业综合研究报告	芦海云，田亚峻，武娟妮，刘科，张庆庚，牛凤芹，李党，崔晓曦，张相平	北京低碳清洁能源研究所 赛鼎工程有限公司 陕西煤业化工集团有限责任公司
8	中国煤基二甲醚产业综合研究报告	张庆庚，武麦桂，李好管，崔晓曦，朱琼芳，田亚峻	赛鼎工程有限公司 北京低碳清洁能源研究所
9	中国煤基乙二醇产业综合研究报告	马晓迅，田亚峻	西北大学 北京低碳清洁能源研究所
10	中国煤基芳烃产业综合研究报告	张庆庚，崔晓曦，李党，牛凤芹，田亚峻，武娟妮	赛鼎工程有限公司 北京低碳清洁能源研究所
11	中国煤基醋酸产业综合研究报告	张庆庚，傅晋寿，崔晓曦，史郭晓，左永飞，田亚峻，芦海云	赛鼎工程有限公司 北京低碳清洁能源研究所
12	中国煤基醋酐产业综合研究报告	张庆庚，傅晋寿，崔晓曦，史郭晓，田亚峻，孔德婷	赛鼎工程有限公司 北京低碳清洁能源研究所
13	中国煤直接液化产业综合研究报告	毛学锋，张媛媛，田亚峻，武娟妮，刘科	北京低碳清洁能源研究所
14	中国煤间接液化产业综合研究报告	孙启文，张宗森，何迎庆，郜丽娟，田亚峻	上海兖矿能源科技研发有限公司 北京低碳清洁能研究所

续表

编号	专题报告名称	撰写作者	参与单位
15	中国中低温煤焦油基燃料产业综合研究报告	任沛建，王会民，周安宁，张秋民，杨廷军，何德民，张亚婷，吕子胜，马宝岐、杨占彪，刘利，赵社库，马晓迅，马志超，孙鸣，陈静升，冯光，张相平，田亚峻，尚建选，贺永德	神木富油能源科技有限公司 西北大学 大连理工大学 西安科技大学 陕西煤业化工集团神木天元化工有限公司 上海胜帮公司 陕西煤业化工集团有限责任公司 北京低碳清洁能源研究所
16	中国煤基甲醇制汽油产业综合研究报告	张庆庚，李党，牛凤芹，田亚峻，刘爱国	赛鼎工程有限公司 北京低碳清洁能源研究所
17	中国煤基天然气产业综合研究报告	郑长波，邢凌燕，王建伟，张庆庚，谷磊，崔晓曦，张爱民，田亚峻	中海油新能源研究院 赛鼎工程有限公司 北京低碳清洁能源研究所
18	中国煤基氢气产业综合研究报告	李初福，苌亮，田亚峻，武娟妮，刘科	北京低碳清洁能源研究所
19	中国煤基醇醚燃料产业综合研究报告	张庆庚，左永飞，牛凤芹，田亚峻，武娟妮	赛鼎工程有限公司 北京低碳清洁能源研究所
20	中国褐煤热熔催化产业综合研究报告	魏贤勇，宗志敏，赵炜，吴克，徐熠，李德飞，田亚峻，芦海云，武娟妮	中国矿业大学（徐州） 顺鑫煤化工科技有限公司 北京低碳清洁能源研究所
21	中国低阶煤分质利用多联产综合研究报告	尚建选，田亚峻	陕西煤业化工集团有限责任公司 北京低碳清洁能源研究所